高等职业教育高速铁路客运乘务专业系列教材
高等职业教育校企合作精品教材——轨道交通类

高速铁路客运服务
管理与沟通技巧

主　编／王　慧
副主编／周晓琴　李　鹏　朱翠翠

西南交通大学出版社
·成都·

图书在版编目（CIP）数据

高速铁路客运服务管理与沟通技巧／王慧主编．—成都：西南交通大学出版社，2020.9（2024.6 重印）
高等职业教育高速铁路客运乘务专业系列教材　高等职业教育校企合作精品教材．轨道交通类
ISBN 978-7-5643-7644-4

Ⅰ．①高… Ⅱ．①王… Ⅲ．①高速铁路 – 铁路运输 – 客运服务 – 高等职业教育 – 教材 Ⅳ．①U293.3

中国版本图书馆 CIP 数据核字（2020）第 175059 号

高等职业教育高速铁路客运乘务专业系列教材
高等职业教育校企合作精品教材——轨道交通类

Gaosu Tielu Keyun Fuwu Guanli yu Goutong Jiqiao
高速铁路客运服务管理与沟通技巧
主编　王　慧

责 任 编 辑	罗爱林
助 理 编 辑	吴启威
封 面 设 计	墨创文化
出 版 发 行	西南交通大学出版社 （四川省成都市金牛区二环路北一段 111 号 西南交通大学创新大厦 21 楼）
营销部电话	028-87600564　028-87600533
邮 政 编 码	610031
网　　　址	http://www.xnjdcbs.com
印　　　刷	四川森林印务有限责任公司
成 品 尺 寸	185 mm × 260 mm
印　　　张	12.5
字　　　数	311 千
版　　　次	2020 年 9 月第 1 版
印　　　次	2024 年 6 月第 5 次
书　　　号	ISBN 978-7-5643-7644-4
定　　　价	43.00 元

课件咨询电话：028-81435775
图书如有印装质量问题　本社负责退换
版权所有　盗版必究　举报电话：028-87600562

出版说明

近年来,我国高速铁路建设快速发展,取得了举世瞩目的成就。在此形势下,高职教育尤其是铁路职业教育迎来新的发展机遇,培养大量德才兼备的高技能型专业人才,满足企业需求,成为当务之急。

2015年,以应对高速铁路发展,满足铁路客运岗位需要,促进高职专业课程体系与教材体系完善为契机,我社与天津铁道职业技术学院共同策划,率先出版了第一套具有示范性、权威性与引领性的高速铁路客运乘务专业规划教材——高等职业教育高速铁路客运乘务专业"十三五"规划教材,总计十六本。其品种包括:《高速铁路概论》《高速铁路客运服务心理学》《高速铁路客运服务与礼仪》《高速铁路动车餐饮服务》《高速铁路客运规章》《高铁乘务安全管理与应急处置》《高铁客运英语口语》《高铁客运公共关系实务》《高速铁路动车乘务实务》《高速铁路客运组织》《高速铁路旅游英语》《高速铁路设备运用》《高速铁路行车组织》《高铁乘务人员形象塑造》《高速铁路客运乘务实训教程》《高速铁路行车技术管理》等。迄今为止,该套教材获得了较高的美誉度,已成为具有广泛影响力和市场需求量最大的高速铁路客运乘务专业品牌产品,其市场占有率位居第一。伴随着我国高铁时代的到来,大量高新技术得到广泛应用,铁路技术管理规程与技术规范频繁更新,铁路企业用人需求量逐年增大,高职专业教学发生巨大变革,这套教材步入更新阶段,为此我社从2017年年底着手实施改版与升级计划。改版后的教材,以新的封面为标识,由第2版或新增书,或更名的书而构成。

改版后的教材,严格遵照教育部《普通高等学校高等职业教育专科(专业)目录(2015年)》和《高等职业学校专业教学标准》文件精神,认真落实全国铁道行指委和铁道运输专业教学指导委员会高等职业学校高速铁路客运乘务专业教学标准相关要求,切合高职院校专业教学与铁路现场实际,在保持原有的示范性、权威性和引领性外,大胆创新,在编写思路、体例、内容呈现等方面都做了较大改进,使教学指导作用和实用价值更加突出。这集中体现在:

1. 专业性强,案例典型,以现场材料为主

编者皆为专业教师,多数毕业于国内铁路知名高校,主撰人为专业带头人,有多年从事专业教学和科研工作的背景与现场经验,其建构的课程标准体系与教材体系,皆立足高速铁路客运乘务专业。改版后的教材,整体上更加注重强化核心课程与主干课程理念,同时完善必要的辅修课程知识。编写题材方面,多采纳京津、京广、京沪、武广等高速铁路

线现场典型案例；另有不少素材源于国内有关动车组制造企业的一手资料，体现出较强的专业性、权威性和不可替代性。

2. 内容更新快，突出技术含量与高铁新知

为保持与现行的高速铁路客运标准一致和紧贴现场实际，满足岗位需求，改版后的教材，内容得到及时更新，做到了与时俱进，更多突出技术含量和高铁新知。比如，教材大量增加了复兴号动车组的内容，广、深、港高速铁路旅客运输相关规定，国家铁路局2018年新版《铁路旅客车站设计规范》，中国铁路总公司（现已改制为中国国家铁路集团有限公司）2018年新版《铁路客运服务信息系统设计规范》，以及2018年《〈铁路技术管理规程（高速铁路部分）〉条文说明》（第一次修订，上册）等，还融入了目前与国际接轨的高铁新知。

3. 实用性强，体例符合教改精神

改版后的教材，更加注重实用性，遵循高职院校教学的"必需、够用、实用"原则，充分体现高职教育的实用特征。在编写体例上，以项目（任务）或模块为主，突出易于理解、方便学习和可操作性，使高铁知识与技能深度融合。

4. 充分运用数字化资源

为紧跟数字化教学发展趋势，改版后的教材，大量采用二维码嵌入和数字资源呈现形式，使教与学更加便捷、轻松与高效。学生（读者）可通过扫描教材的二维码或使用网络媒体等多种手段，获得较好的学习体验与丰富的学习资源，提高专业学习兴趣与效率。

教材是体现教学内容和教学方法的知识载体，是传播知识的重要媒体与手段，更是顺利开展人才培养工作的重要基础，需要社会积极关注与读者热心支持。我社作为轨道交通专业出版社，始终以服务于铁路职业教育与铁路企业人才培养为宗旨，把开发出版更多、更优的轨道交通类教材作为责任担当。希望改版后的教材，能积极促进高职教育尤其是铁路职业教育发展，为我国高铁事业做出应有的贡献。

西南交通大学出版社

2019年6月

前　言

随着中国高速铁路的快速发展，高铁在安全、快捷、舒适方面有了较大的提升。同时，旅客对高铁的服务质量也提出了更高的要求。因此，掌握语言与沟通技巧也成为高速铁路客运服务工作人员必须具备的职业能力与素养。

《高速铁路客运服务管理与沟通技巧》按照《高等职业学校高速铁路客运乘务专业教学标准》的要求编写，主要介绍了高速铁路客运服务管理、高速铁路客运服务沟通基本技能、高速铁路客运人员工作关系沟通、高速铁路车站客运服务沟通技巧、复兴号动车组列车客运服务沟通技巧和高速铁路客户服务中心沟通技巧。

本书的主要特色体现在如下几个方面：

1. 内容新

按照《高等职业学校高速铁路客运乘务专业教学标准》的要求，本书的内容包括高速铁路电子客票的相关规定、高速铁路客运旅客运输服务标准、复兴号动车组服务标准及智能京张高铁等内容，体现了铁路企业对高速铁路客运服务人才培养的最新要求。

2. 注重实用性

本书的内容根据高速铁路客运站和客运段客运岗位作业指导书内容编制，注重培养学生的实际操作能力，体现了"学做融合"的人才培养过程。

3. 课程思政建设

围绕政治认同、家国情怀、文化素养、宪法法治意识、道德修养等课程思政内容，培养学生的职业道德和职业素养，使学生崇德向善、诚实守信、爱岗敬业，具有精益求精的工匠精神。

本书既可作为高等职业院校高速铁路客运乘务、铁道交通运营管理、高速铁路客运服务等相关专业的教材，也可作为铁路相关专业职工的培训教材以及相关专业人员工作的参考资料。

本书由天津铁道职业技术学院王慧担任主编。长沙南方职业学院周晓琴、中国铁路北京局集团有限公司安全监察室天津安全监察队李鹏、济南市技师学院朱翠翠任副主编。具体分工如下：王慧编写项目一、项目三、项目五和项目六；周晓琴编写项目二；李鹏编写项目四中任务二和任务三；朱翠翠编写项目四中任务一。

由于编者水平有限，书中不妥之处在所难免，敬请各位专家和读者批评指正。

编　者

2020 年 6 月

目　录

项目一　高速铁路客运服务管理 ········· 1
任务一　高速铁路客运服务概述 ········· 1
任务二　高速铁路车站客运服务标准 ········· 6
任务三　动车组列车客运服务标准 ········· 17
任务四　高速铁路电子客票实施办法 ········· 24
任务五　高速铁路客运服务人员的职业素养 ········· 28
复习思考题 ········· 28

项目二　高速铁路客运服务沟通基本技能 ········· 29
任务一　沟通概述 ········· 29
任务二　高速铁路客运服务沟通基本技能 ········· 38
任务三　高速铁路客运服务人员自我沟通 ········· 52
复习思考题 ········· 59

项目三　高速铁路客运人员工作关系沟通 ········· 60
任务一　高速铁路客运人员班组沟通 ········· 60
任务二　高速铁路客运组织外部沟通 ········· 73
任务三　高速铁路重点旅客服务沟通技巧 ········· 73
任务四　高速铁路投诉旅客沟通技巧 ········· 88
复习思考题 ········· 95

项目四　高速铁路车站客运服务沟通技巧 ········· 96
任务一　高速铁路电子客票服务沟通技巧 ········· 96
任务二　高速铁路车站客运作业沟通技巧 ········· 103
任务三　高速铁路车站应急服务沟通技巧 ········· 113
复习思考题 ········· 120

项目五　复兴号动车组列车客运服务沟通技巧 ········· 121
任务一　高速铁路客运乘务服务管理 ········· 121
任务二　复兴号动车组列车客运服务沟通技巧 ········· 133
任务三　复兴号动车组列车应急服务沟通技巧 ········· 150
复习思考题 ········· 163

项目六　高速铁路客户服务中心沟通技巧 ·· 164
　　任务一　电话沟通与网络沟通技巧 ·· 164
　　任务二　高速铁路客户服务沟通案例 ·· 179
　　复习思考题 ·· 189

参考文献 ·· 190

附录　课程思政案例 ··· 191

项目一 高速铁路客运服务管理

 项目描述

随着人民生活水平和消费水平的不断提升,旅客的消费性旅行需求的增长速度在逐步提高,旅客的多元化和个性化需求不断增加,安全、舒适、方便和快捷是高速铁路客运服务的质量内涵和价值体现。本项目主要介绍高速铁路客运服务概述、高速铁路车站客运服务标准、动车组列车客运服务标准、高速铁路电子客票实施办法以及高速铁路客运服务人员的职业素养等相关知识。通过本项目的学习,学生应掌握高速铁路客运服务的基本技能。

任务一 高速铁路客运服务概述

 思政素质目标

爱岗敬业、恪尽职守;严格遵守规章制度和劳动纪律。

 职业目标

能正确认知高速铁路旅客运输(简称为"客运")服务的基本要求。

 知识目标

理解高速铁路客运服务的概念和特点,掌握高速铁路客运服务的基本要求,掌握高速铁路客运服务沟通的基本内容。

 相关知识

随着国民经济的不断发展,人们出行的需求也在不断增加。尤其是在高速铁路迅速发展的今天,铁路不仅要完成运输任务,更要在旅客旅行过程中为其提供更优质的服务。

一、高速铁路客运服务的概念和特点

高速铁路客运服务是指为了实现旅客位移而由一系列或多或少具有无形性的活动构成的一种过程。高速铁路具有列车速度快、开行密度大、频率高、开行时间间隔小的特点。客运服务过程是在旅客与服务人员、硬件和软件的互动过程中进行的,其实质是最大限度地满足旅客需求,并为其创造价值。

客运服务是一种以等价交换的形式，为满足旅客需求而提供的劳务活动。旅客在这个活动中是消费者，旅客消费的是客运服务。客运服务是站在消费者角度强调旅客在消费客运服务时的一种实际体验和体验的满足程度，侧重于服务的"过程性"和旅客的"满足感"。旅客根据在服务过程中的满足程度来评判客运服务的好坏程度。

二、高速铁路客运服务的意义

随着人民生活水平和消费水平的不断提升，旅客的消费性旅行需求的增长速度在逐步提高，旅客的多元化和个性化需求不断增加，旅客对铁路客运的方便、舒适、快捷、安全等方面的要求也在提高。安全、舒适、方便和快捷是高速铁路客运服务的质量内涵和价值体现。服务价值决定旅客满意度，旅客满意是铁路协调可持续发展的重要条件。满意度是无形的，它看不见、摸不着，但客运部门可以通过渗透于旅行全过程的全新价值的服务来实现旅客满意度的提升。铁路客运部门可以从当前的以运营管理为中心转变为以旅客服务为中心，通过创新服务流程来提高旅客的满意度。

运输业具有多种属性，它既是物质生产部门，又是公共服务业，同时它也是国民经济的基础产业之一。它的主要特性体现在它的"公共服务性"，必须为消费者提供服务，这是运输业存在的前提。目前各运输行业竞争日趋激烈，铁路客运部门要想在激烈的市场竞争中争取主动，必须认识到提高铁路客运服务质量的重要意义。靠价格竞争是有限的，靠服务竞争是无限的，高质量的服务是保持和提高铁路市场竞争力的关键所在。

三、高速铁路客运服务术语和定义

1. 铁路客运服务

铁路客运服务是按照铁路客运合同，实现旅客位移需求的活动。

2. 铁路客运合同

铁路客运合同是明确铁路运输企业与旅客之间权利义务关系的协议。

3. 铁路客户服务

铁路客户服务是铁路运输企业通过语音、互联网、人工等方式，为旅客提供的业务咨询、信息查询、业务办理、投诉受理、求助响应等服务。

4. 重点旅客

重点旅客是指老、幼、病、残、孕旅客。特殊重点旅客是指依靠辅助器具才能行动等需特殊照顾的重点旅客。

5. 常旅客

常旅客是指本人申请并通过铁路常旅客身份认证的自然人。常旅客会员从低到高分为二星级、三星级、四星级和五星级。会员申请成功后，初始为二星级。会员升级评定每日执行一次，在评定日前连续 12 个月内升级积分达到相应标准，即可成为相应等级会员。

6. 商务座旅客

商务座旅客是指乘坐动车组列车商务座的旅客。

7. 客　流

客流是一定时间内旅客的流量、流向和旅行距离的总称。

8. 铁路旅客车站

铁路旅客车站是办理客运业务，设有旅客候车和安全乘降设施，并由车站广场、站房、站场客运建筑三者组成的铁路车站。

9. 动车组列车

动车组列车是指由若干带动力和不带动力的车辆以固定编组组成、两端设有司机室的一组列车。

四、高速铁路客运服务基本要求

1. 安　全

铁路运输企业应建立客运安全管理制度，明确安全责任、妥善应对各类安全问题，为旅客生命财产安全提供保障。按照中国国家铁路集团有限公司的规定设置安全设施设备，配备相应安全人员并进行安全知识技能培训，培训合格率应为100%。

2. 正　点

铁路运输企业应公开旅客列车（以下简称"列车"）到发时刻，列车到发正点率不低于95%。制定列车晚点运行应对方案，并提供相应补救服务。

3. 可　及

铁路运输企业开行列车应符合：

办理客运业务的铁路旅客车站（以下简称"车站"）有列车经停；省会城市主要车站有始发列车。

车站售票窗口营业时间应覆盖列车经停时间，方便旅客购票乘车。

车站应与城市公共交通合理衔接，车站与城市公共交通站点换乘距离不宜大于300米，满足旅客集散需求。

4. 便　捷

铁路运输企业及时提供规范、有效的服务信息，公开服务承诺。及时响应旅客服务需求，为行动不便旅客和重点旅客提供重点照顾。

车站应规模合理、功能完备、流线顺畅。车站宜设站内便捷换乘通道、急客进站通道，为旅客提供便捷的旅行环境。

5. 舒　适

铁路运输企业为旅客提供使用方便、数量适宜、功能良好的服务设施，服务设施完好率不低于98%。为旅客提供空气质量合格、安静有序、温度适宜、明亮清洁的旅行环境。提供文明、友好、适度的服务。

6. 绿　色

铁路运输企业应在旅客服务场所开展节能环保宣传，在服务过程中应重视资源的节约、再利用和再循环，满足可持续性发展的要求。采用环保节能的服务设施设备，使用可降解材料的服务用品。应控制服务过程中排污和固体废弃物总量，并采取垃圾分类处理措施。

五、高速铁路客运服务合同管理

（一）高速铁路客运服务合同一般要求

（1）铁路运输企业制定的运输服务合同文字表述应简洁易懂。
（2）铁路运输企业采用的格式条款中涉及旅客权利和义务的内容应提示告知。
（3）铁路运输企业应以适当的方式或载体提供乘车凭证。

（二）车　票

1. 车票应载明

车票应载明发站和到站站名；席别、席位号；票价；车次；乘车日期；开车时间；有效期。

2. 车票宜载明

车票宜载明检票口；旅客姓名及有效身份证件号码；客户服务联系方式；发售站；旅客乘车须知。

3. 车票可载明

车票可载明车票改签、挂失补办信息；车票支付渠道标记；特殊种类车票；铁路运输企业需要注明的其他信息。

六、高速铁路客运服务沟通

（一）服务信息

（1）铁路运输企业应根据现场条件，在显著位置设置服务台、信息牌、显示屏、图形符号，宜配合网站、广播、移动通信信息媒介等多种手段，为旅客提供静态、动态信息服务。
（2）铁路运输企业提供服务信息的内容和形式应规范清晰、更新及时。
（3）铁路运输企业应为旅客提供的服务信息有：
① 安全信息。
安全信息包括安全检查、禁止或限制携带物品信息、安全标志、设施设备使用安全注意事项等。
② 价格信息。
价格信息包括车票价格、行李运输价格、商品及服务价格等。

③ 票务信息。

票务信息包括实名制购票信息、购票渠道、售票窗口营业时间、余票信息及车票改签、补票、退票流程和所需凭证信息等。

④ 进站信息。

进站信息包括营业时间、车票实名制查验、旅客接送站、行李托运提取流程等。

⑤ 检票信息。

检票信息包括候车区域、检票口位置及检票开始、停止时间等。

⑥ 列车运行信息。

列车运行信息包括列车时刻、正晚点信息以及列车加开或停运信息等。

⑦ 出站信息。

出站信息包括出站补票位置、补票费用规则、换乘衔接信息等。

⑧ 客户服务信息。

客户服务信息包括服务承诺、旅客诚信信息、遗失物品信息及咨询、建议、投诉、求助渠道等。

（二）客户服务

（1）铁路客户服务应具有信息公告、信息咨询、意见建议和投诉受理等功能。

（2）铁路运输企业应提供 24 小时信息咨询服务，每日 07:00—23:00 应提供人工信息咨询服务。

（3）铁路运输企业应在车站和列车醒目位置公布投诉处理渠道，对每件投诉有记录，在接到投诉后 3 个工作日内答复受理情况，10 个工作日内告知实质性处理结果。

（三）服务评价与改进

（1）铁路运输企业应建立包含旅客满意度的服务质量测量和监测方法。

（2）铁路运输企业每年应至少开展 1 次服务质量评价，并对发现的问题进行原因分析和整改，不断提升服务质量。

 任务训练

实训项目	认识高速铁路客运服务
实训目标	1. 使学生结合实际，加深对高速铁路客运服务的认识与理解。 2. 培养学生高速铁路旅客运输服务学习的兴趣。
实训内容及组织	由教师组织，学生自愿组成小组，每组 6~8 人，选择以下题目进行高速铁路旅客运输服务分析： 1. 分析高速铁路客运服务基本要求。 2. 分析高速铁路客运服务合同管理。 3. 分析高速铁路客运服务沟通。
实训考核	1. 每组提交一份分析报告。 2. 各组进行汇报。 3. 教师根据各组的分析报告与课堂汇报进行评估。

任务二　高速铁路车站客运服务标准

思政素质目标

爱岗敬业、恪尽职守；严格遵守规章制度和劳动纪律。

职业目标

能够依据高速铁路车站客运服务标准做好服务工作。

知识目标

掌握高速铁路车站客运服务的要求与标准。

相关知识

铁路旅客车站是办理客运业务，设有旅客候车和安全乘降设施，并由车站广场、站房、站场客运建筑三者组成的铁路车站。高铁中型及以上车站指办理动车组列车客运业务，建筑规模为特大型、大型、中型的高速铁路（含客运专线）车站。高铁小型车站指办理动车组列车客运业务，建筑规模为小型的高速铁路（含客运专线）车站。

一、安全管理的要求

（一）安全制度

安全制度健全有效，安全管理职责明确，能满足安全生产需要。

（1）有安全生产责任制、安全检查和安全质量考核、劳动安全、消防管理、食品安全、设施设备、安检查危、实名验证、结合部、现金票据安全、站台作业车辆安全、旅客人身伤害处理等管理制度和办法。

（2）有旅客候车、乘降、进出站、高铁快运保管和装卸等安全防范措施。

（3）与保洁、商业、物业、广告、安检、高铁快运等结合部有安全协议。

（二）安全检查

（1）旅客人人通过安全门和手持金属探测器检查，携带品件件过机安检。

（2）车站安检口外开设的车站小件寄存处对寄存物品进行安全检查。

（3）对检查发现和列车移交的危险物品、违禁品按规定处理。

（三）封闭式管理

（1）车站站区实行封闭式管理，旅客进出站乘降有序，站内无闲杂人员。进出站通道流线清晰，有管理措施。站台两端设置防护栅栏并有"禁止通行"或"旅客止步"标志。疏散通道、紧急出口、消防车通道等有专人管理，无堵塞。

（2）车站夜间不办理客运业务时，可关闭站区相应服务处所，但应对外公告。

（四）作业车辆管理

（1）铁路运输企业所属单位、长期业务外包等需要常态化使用站台车辆情况，以年度为单位签订安全协议；临时性、计划性施工等阶段性使用站台车辆情况，每次开始前签订安全协议。安全协议中必须明确车辆走行路线、允许进入的时间及区域、行驶速度、停留规定、摆放规定等具体事项。

（2）机动车辆站台作业管理。

① 进入站台的作业车辆不影响旅客乘降，不堵塞通道，不侵入安全线；行驶或移动时，不与本站台的列车同时移动，速度不超过 10 km/h；作业车辆作业间隙停放时必须在指定位置，与列车平行，有制动措施，机动车驾驶员人车不得分离。

② 遵照国家有关机动车辆管理规定，依法依规实施管理。其中驾驶员应取得当地交管部门颁发的机动车驾驶证。

（3）非机动车辆站台作业管理。

① 站台作业进行中对作业车辆进行盯控，必须按规定线路、速度行驶；停放时，严禁与股道垂直停放，应与股道平行，且处于常态制动状态，并有专人看护，不得在有坡度位置停放（如必须在有坡度位置停放，必须安放防溜装置），杜绝移动情况发生。

② 进入站台的作业车辆不得超载、偏载，小推车货物高度不得高于推车人肩部，不得遮挡视线，货物应固定牢靠、捆绑结实，杜绝物品坠落、颠覆风险。

③ 作业车辆操作人员不得随意更换，每车至少配备 1 名作业人员。

④ 进入站台的手推式小推车等人力机具，应具备常态制动的止轮装置或支架；行包拖车等非机动车辆应具备在静止状态下的长效止轮装置或支架，不符合规定的机具不得在站内使用。

（4）使用站台作业车辆前须确认车辆状态，保证状态良好、制动正常，满足作业需要。车辆使用过程中发生故障应立即停止作业，及时转移至安全地点。

（五）电源管理

安全使用电源，无违规使用电源、电器。

（1）严格落实安全用电管理制度，电器设备、线路必须符合国家有关电气安全技术标准，并由持有合格证的专业人员负责安装、维修。

（2）300 W 以上电热器具纳入大功率电器管理。对使用的大功率电器要登记造册，建立档案，粘贴许可证，定期检查，并在允许使用电热器具的电源插座面板位置粘贴用电安全标识、注明最大负载功率。在未标注最大负载功率的电热器具插座上插接使用 300 W 以上电热器具的，视为违规使用。

（3）严禁超负荷用电，严禁擅自拉接临时电气线路和增加用电设备，电气设备周围应与可燃物保持 0.5 米以上距离。

（4）安装临时电气线路必须符合电气安装有关要求，保证安全用电，用后及时拆除。

（5）严禁使用三无电器设备（无品牌、无生产厂家、无额定功率）和非标产品。

（6）固定电源插座上原则上不允许外接电源插板，特殊情况确实需要外接使用时，做到使用有许可、负荷不超标。

二、服务环境和设施

（一）服务环境和设施一般要求

（1）服务、安全和应急设施配置齐全、功能完好，不得违规改造或改变用途。

（2）建筑和无障碍设计符合 GB 50226、TB 10083 的要求；公共信息图形符号设置符合 GB/T 10001 的要求，公共信息导向系统设置符合 GB/T 15566、GB/T 31015 的要求，消防安全标志符合 GB 13495 的要求，齐全醒目，使用规范，电子显示屏设置符合要求，无电子显示屏或电子显示屏故障的应使用信息板显示相应内容；采暖、通风、空气调节、电气、照明条件符合 GB 50226 的要求；封闭公共空间为禁止吸烟区，空气质量符合 GB/T 9672、GB/T 9673 的规定，服务区域及服务设施设备保持清洁卫生。

（3）视频监控系统覆盖各个服务区域，应具备实时图像提取功能和自动录像功能，录像资料留存时间不少于 15 天，重点处所不少于 90 天。涉及旅客人身伤害、扰乱车站公共秩序等重要的视频资料保存期为 1 年。

（4）广播设施覆盖各个服务区域；具备无线小区广播和分区广播功能，音箱（喇叭）设备设置合理，音响效果清晰。

（5）应有通风、照明、广播、供水、排水、防寒、防暑、空调等设备设施。售票处、候车区、站台、综控室有时钟，显示时间以北京时间为准，时间显示准确。

（二）站 房

（1）根据客运量设置为旅客服务和客运生产、管理、办公、生活及驻站单位使用的售票处、公安制证处、候车室（区）、补票处、高铁快运营业场所等房舍和设施。车站站房前后须有明显的车站站名标志。

（2）有综控室、饮水处、厕所、工作人员间休室等必要设施。

（3）根据需要，设置商务座候车专区、重点旅客候车区、儿童候车娱乐区、军人候车区和哺乳室。商务座候车专区应相对独立、封闭，确保私密性；候车面积、座椅（沙发）应满足商务座旅客服务需求。

（4）高铁中型及以上车站有管理平台，采用"集团公司集中控制、大站集中控制、车站独立控制"模式，有用户管理和安全保密制度。高铁小型车站有应急操作平台，有用户管理和安全保密制度。

（5）旅服系统运行稳定可靠，自动检票、自助查询、导向、广播、时钟、查询、求助、监控等旅客服务设备设施齐全，状态良好。

（6）省会城市所在地主要车站、站房规模和发送量较大的车站，进站口外和候车室（区）内设咨询服务台。车站售票、候车场所可设置银行自助存取款机。

（7）无障碍及特定设施设备要求。按规范设置无障碍设施设备。售票处设无障碍售票窗口，高度应为0.76米，并与常开窗口相邻，不具备开设相邻窗口的车站可在无障碍窗口设置呼叫铃，方便使用轮椅等辅助器具的旅客购票。设有无障碍厕所和无障碍电梯，可正常使用。盲道畅通无障碍。

（8）售票处设置剩余票额信息显示屏（显示日期、车次、始发站、终到站、开车时刻、各席别剩余票额）；售票窗口正上方设置窗口屏，显示窗口号、窗口功能、工作时间或状态等信息。

（9）车站电梯正常启用，作用良好。安全标志醒目，遇故障、维修时有停止使用等提示，操作人员持证上岗（仅操作停止、启动、调整方向的除外）。

（10）进站口设置自助验证闸机、安检仪、安全门、手持金属探测器、防爆罐、防爆毯。进站大厅设置进站显示屏，显示车次、始发站、终到站、开车时刻、候车区（检票口）、状态等发车信息。

（11）候车室（区）要满足最高聚集人数人均1.2平方米的要求，布局合理，方便旅客。配备适量座椅，摆放整齐，不影响旅客通行。候车等场所可向旅客提供无线互联网接入服务。

① 高铁中型及以上车站服务台（问讯处、遗失物品招领处）位置适当，标志醒目，配备信息终端和存放服务资料、备品的设备。

② 候车区内设置候车引导屏，显示车次、始发站、终到站、开车时刻、检票口、状态等信息。

③ 在检票口设置自助检票闸机和人工检票通道，已检票区域与候车区有围栏，封闭良好。有进站检票屏（显示车次、终到站、开车时刻、站台、状态）、应急灯、应急车次牌、时钟。

④ 在邻近检票口的区域设置有明显标志的重点旅客候车专座。

⑤ 设有卫生间，厕位适量。有通风换气及洗手池等盥洗设备，正常使用，作用良好。厕位间设置挂钩。

⑥ 设有饮水处，配备电开水器，有加热、保温标志，水质符合国家标准要求。可开启式箱盖的电开水器或保温桶加锁，箱盖与箱体无间隙。

⑦ 大型车站候车厅设置相对独立的儿童免费候车娱乐区，提供安全、简易儿童游乐设施。儿童娱乐区内应设置适合6岁以下幼儿活动的室内儿童软体无动力游乐设施。地面应备设软性层；应有安全护栏、围栏或安全网防护，应确保成人能进入其内，以便帮助乐设备内部的儿童；应建立相应的管理制度、卫生消毒制度以及防止跌落、防挤夹保护措施。

⑧ 哺乳室应设置等候区。电气设备应配置安全扣，插座应为安全插座。大中型车站的哺乳室使用单独房间且不小于10平方米，有洗手池、婴儿护理台、婴儿床、饮水机、电源、座椅等设施。哺乳室一般可划分为哺乳区、婴儿护理区。应设置婴儿护理台，高度应为70厘米。

⑨ 出站口设自动检票闸机、出站显示屏（显示到达车次、始发站、到达时刻、站台、状态等信息）。配备电子秤、出站补票机、保险柜等设施。

（三）站　场

站场应具备各类站线、站台、风雨棚、天桥或地道、栅栏（围墙）等基础设施。地面硬化平整，房屋、风雨棚、天桥、地道无渗漏，墙面、天花板无开裂翘起脱落，扶手、护栏、隔断、门窗牢固完好，楼梯踏步无缺损。

（1）天桥、地道内设置进、出站通道屏，显示当前到发列车车次、始发站、终到站、站台、到开时刻、列车编组前后顺位等信息。

（2）站台设站台屏，显示当前车次、始发站、终到站、到发时刻、列车编组前后顺位、引导提示等信息。待机状态显示站名、安全提示、欢迎词等信息。站台设有响铃设备，作用良好；地面标示站台安全线、高站台警示标志等，内侧铺设提示盲道。设置垃圾箱（桶）、广告灯箱等设施设备，安放牢固，不影响旅客通行。

（3）给水站按规定设置水井、水栓，给水系统作用良好，水源保护、水质符合国家标准；按规定办理吸污作业的车站有吸污设备，作用良好。

（4）客运人员每人配置具备录音功能的手持电台和音视频记录仪，作用良好，站台客运人员手持电台具备与司机通话功能。

（四）站前广场

（1）车站广场区域人行通道应与城市公共交通合理衔接。交通标志与标线符合 GB 5768 和 GB/T 16311 的规定，进出车辆分类引导。

（2）车站广场区域应设有停车场，停车场宜按照车辆用途分类分区，停车位及开放的车辆进出口与车辆流量相适应，无障碍车位数量应不少于停车位数量的 5‰，应规划临时停车位。

（3）车站广场区域应设有出租车候车区，位置方便旅客寻找和乘车。旅客等候区域应防雨雪，应在显著位置公布服务监督电话，宜有本市（地区）地图。

（4）通往车站出入口的主路线应为坡度平缓的便捷路径，不应设置阻挡逃生疏散的障碍物，应尽量避免建筑物遮挡出入口和重要标志牌。

三、旅客车站文明服务

（一）卫生清洁标准

旅客车站卫生清洁标准为干净整洁、窗明地净、物见本色。

1. 基础卫生要求

（1）站台、天桥、地道等地面无积水、积冰、积雪，股道无杂物。

（2）地面干净无垃圾、无污渍、无积水积冰、无泥印、无杂物，地面勾缝无积垢；门内外立面及把手等设施清洁，无积垢、无水渍、无锈蚀，表面光亮；窗户玻璃干净明亮、无污渍，窗台、窗框、排风机等处无积灰、无蛛网、无破损；墙面、天花板干净无积灰、无污渍、无蛛网、无乱涂乱画、无"小广告"；动静态标志无积灰、积尘或蛛网。

（3）电梯、扶手、护栏、座椅、危险品检查仪、危险品处置台等处无积尘、无污渍；饮水机表面清洁无污渍，沥水槽无残渣。

（4）商务座候车专区地毯干净，无污垢；沙发、茶几等清洁，无积尘、无积垢；皮质（织物）沙发和茶几表面有光泽。

2. 厕所设备设施

（1）厕所内通风良好，干净无异味，便池无积便、积垢，洗手池清洁无污垢。

（2）厕位蹲便器、坐便器无破损，外侧无水锈、粪便、污物、积渍，内侧无积便、积垢，洁净见底，导水沿凹槽无积便、尿垢，保持管道畅通。

（3）厕位间设置厕位门、门内锁及衣帽挂钩，作用良好。分隔板光洁，无积灰、污渍、蛛网，无乱涂写；扶手牢固，无污渍、积垢。

（4）洗手台（面盆）干净、无积垢、无积水、无毛发、无杂物；面镜镜面光洁无水痕、无手印、无明显涂画痕迹；干手器、纸架（盒）洁净，无印迹。

（5）墩布池、地漏无积垢、无杂物、无臭味。

（6）纸篓内废弃物不得超过纸篓容积的2/3，垃圾桶内无积渍、积垢、积水，外壁无污渍、积垢。

（7）除臭、通风设备及上下水设施运行良好，无污迹。合理布置通风方式。

（8）无障碍设施清洁、完好，无污迹，无锈迹，金属部件保持光亮，物见本色，不改作他用。

3. 垃圾处置要求

（1）各服务处所设置适量的垃圾箱（桶），外皮清洁，内配的垃圾袋材质符合国家标准、厚度不小于 0.025 毫米，无破损、渗漏，每日消毒一次。

（2）垃圾车外表无明显污垢，垃圾不散落，污水不外溢。

（3）垃圾及时清运，日产日清。

（4）垃圾处置要求储运密闭化，固定通道。

4. 保洁工具存放

保洁工具定点隐蔽存放。便器保洁工具要与其他部位保洁工具分开存放，不得混用。

5. 虫害管理

各服务处所按规定开展"消毒、杀虫、灭鼠"工作，蚊、蝇、蟑螂等病媒昆虫指数及鼠密度符合国家规定。夏季应增加次数，发生传染病和发现病媒昆虫及老鼠时，应随时消毒、杀虫、灭鼠。

（二）温度要求

各服务处所通风良好，空气质量符合国家规定。

（1）空调温度调节适宜，体感舒适，原则上保持冬季 18 ℃~20 ℃，夏季 26 ℃~28 ℃。

（2）高铁小型车站无空调的服务处所室内温度冬季不低于 14 ℃，夏季超过 28 ℃ 时使用电风扇。

（三）服务备品

各服务处所服务备品齐全完整、质地良好，符合国家环保规定。

（1）车站卫生间配有卫生纸、洗手液（皂）、芳香球，中型及以上车站还应配有擦手纸（干手器）。

（2）坐便器配一次性坐便垫圈，及时补充。

（四）标志标识

标志标识图形符合标准，齐全醒目，位置恰当，安装牢固，内容规范，信息准确。

（1）车站有位置标志、导向标志等引导标志，指引准确，采用中、英文。车站还应有平面示意图引导标志，指引准确。

（2）有电子显示引导系统，满足温度环境使用要求，室外显示屏具有防雨、防湿、防寒、防晒、防尘等性能，信息显示及时，每屏信息的显示时间适当，便于旅客阅读。

（3）站台两端各设有一个站名牌，并利用进出站地道围栏、无障碍电梯、广告牌、垃圾箱（桶）、基本站台栅栏等站台设施，设置不少于两处便于列车内旅客以正常视角快速识别的站名标志。各站台设有出站方向标志。

（4）根据各服务处所和服务设备设施的功能、用途设置揭示揭挂，采取电子显示屏、公告栏等方式公布规章文电摘抄、旅客乘车安全须知、旅客旅行须知、实名制公告、铁路进站乘车禁止和限制携带物品公告、禁止携带自行车公告、征信公告、乘意险相关规定、停止售票时间、客运杂费收费标准、票价表、列车时刻表、停点站等服务信息。

① 售票处、验证处、进站口设有军人依法优先标志。
② 售票处、候车区（室）、出站检票处和补票处设有儿童票标高线。
③ 售票窗口、自动售（取）票机前设置黄色"一米线"，宽度10厘米，或者硬隔离设施。
④ 实行便捷换乘的车站，有便捷换乘标志。

（五）广播要求

（1）广播语音清晰，音量适宜，用语规范，内容准确，播放及时。高铁中型及以上车站具备无线小区广播和分区广播功能。

（2）通告列车运行情况、检票等信息，有禁止携带危险品进站上车、旅行安全常识、公共卫生和候车区禁止吸烟等宣传，遇特殊情况可临时增加广播内容。

（3）高铁特大、大型车站使用汉语普通话和英语双语播报客运作业信息。高铁中型车站、高铁小型车站可增加英语播报客运作业信息。

（4）采用自动语音合成方式，日常重点内容播音录音化，可变信息尽可能集中录制，减少信息合成的频次。

（六）全面服务，重点照顾

（1）无需求、无干扰。配备自动售（取）票机、电子显示屏等服务设备，通过广播、揭示揭挂、电子显示、自助查询机等方式宣传服务设备的使用方法，方便旅客自助服务。

（2）有需求、有服务。售票处、候车区公布中国铁路客户服务中心客户服务电话、车站服务质量监督电话（区号+电话号码）、铁路12306手机客户端和微信公众号二维码，受理旅客咨询、求助、投诉，专人负责，及时回应。实行首问首诉负责制，旅客问讯时，有问必答，回答准确；对旅客提出的问题不能解决时，应指引旅客到相应岗位，并做好耐心解释。接听电话时，先向旅客通报单位和工号。

（3）重点旅客优先购票、优先进站、优先检票上车。在邻近检票口的区域设置有明显标志的重点旅客候车专座，为老、幼、病、残、孕等重点旅客提供候车、检票服务便利。

（4）根据需求为特殊重点旅客提供帮助，有服务，有交接，有通报。

（5）中国人民解放军和武警部队现役军人、文职人员、军队离退休干部、革命伤残军人，可进入军人候车区候车，可享受优先政策的随行家属数量原则上不多于2名，不需要出具与军人本人的关系证明。军人可优先购票、优先候车、优先进站，因情况紧急，在无法购买到车票的情况下可进站候车、上车补票。

四、票务组织

铁路运输企业应提供窗口、自动售（取）票机、铁路客票代售点等多种售票渠道，售票网点布局合理、管理规范，旅客购、取票流线合理。控制出售车票的总量，不超过列车车辆负载的技术要求。

（一）售票窗口设备设施

（1）售票窗口应配备桌椅、计算机、制票机、居民身份证阅读器、双向对讲器、窗口屏、保险柜、验钞机、乘意险投保确认器等售票设备及具有录像、拾音、录音功能的监控设备，发售学生票、残疾军人票的窗口应配备学生优惠卡、残疾军人证的识读器，退票、改签窗口应配备二维码扫描仪，电子支付窗口配备POS机和支付宝、微信扫码设备，中铁银通卡窗口应配备售卡设备。

（2）人工窗口应设置工号牌或采用电子显示屏，显示售票人员姓名、工号、本人正面二英寸工作服彩色白底照片等信息。

（3）自动售票机支持现金、银行卡、金融IC卡非接闪付、支付宝、微信等多种支付方式。及时补充票据、零钞和凭条，遇到设备故障等异常状况要及时处置。

（4）售票窗口和自动售（取）票机设置、开放的数量适应客流量，日常窗口排队不超过20人。

（二）营业时间

车站可根据本站客流及最早最晚办理客运业务列车到达时刻合理确定售票时间和停售时间，并在售票处醒目位置公布；开窗时间不晚于本站首趟列车开车前30分钟，关窗时间不早于本站最后一趟列车办理客运业务后20分钟。工作时间内暂停售票时设有提示。用餐或交接班时间实行错时暂停售票。

（三）其他要求

票据、现金妥善保管，票面完整、清晰。票据填写规范，内容准确、无涂改，按规定加盖站名戳和名章。

五、列车给水、吸污作业

（一）给水站服务

给水站应根据给水方案配备给水人员，按规定程序及时上水，始发列车辆辆满水，中途站按给水方案补水。管内旅客列车由始发站负责上水，途中原则上不安排上水，始发站不具备上水条件的可安排途中站上水。特殊情况（如列车晚点等）需要临时上水的，列车应及时与车站联系，车站不得拒绝上水。

（1）给水人员应配备对讲机、防护服、防护头盔、防水手套、防滑胶鞋等防护用品，定期更换，保证作用良好。

（2）给水人员应按指定线路行走，加强瞭望，有人防护，同去同回，防止发生伤亡事故。

（3）给水人员提前上岗，检查给水设备和股道中的障碍物，做好给水准备工作。紧邻正线且无隔离的到发线不得安排上水作业。

（4）给水人员在上水计划作业地点目迎列车进站，列车停稳，迅速作业，防止旅客横越线路。作业完毕或开车铃响及时拔管，做到水阀关闭，水管回卷到位。目送列车开出站台，防止旅客背面扒车、钻车、跳车。

（二）动车组上水设备

动车组上水设备系统由上水单元和上水管理机组成。

1. 上水单元

上水单元是由旅客列车给水栓、栓室、附属管道及阀门、卷管机等部分组成的旅客列车给水专用设备。上水单元设备安装形式有地上式、半地上式和地下式3种形式。

地下式上水单元构造如图1-2-1所示。

2. 上水管理机

上水管理机用于管理与监控动车组上水单元，具有接收遥控或手控指令，并做相应处理的信息控制装置。它能控制该条给水管线内所有上水单元停止上水或立即脱管，实时监测各上水单元的上水信息及状态等，配有电力、电气信号接口，并具备控制显示、遥控等功能。

3. 动车组上水设备操作

（1）按遥控器开始上水时，快速管接头能够与动车组注水口紧密锁紧；上水结束后，在上水单元的自动控制或遥控器控制下，快速管接头关闭水阀后自动脱落。

（2）当上水完毕或其他非正常情况脱管时，快速管接头应能自动脱落、上水软管遥控回卷，收管完毕自动停止并恢复待机状态。要求实现拉管灵活，收管迅速、平稳。

（3）当上水达到设定时间，上水单元应能自动关停。上水结束后，给水软管中的余水应能自动排出。

（4）正常情况下，动车组上水设备应由上水单元自动控制或遥控控制；当停电或出现电气故障时，上水单元可通过手动开关快速转换到手动给水状态。

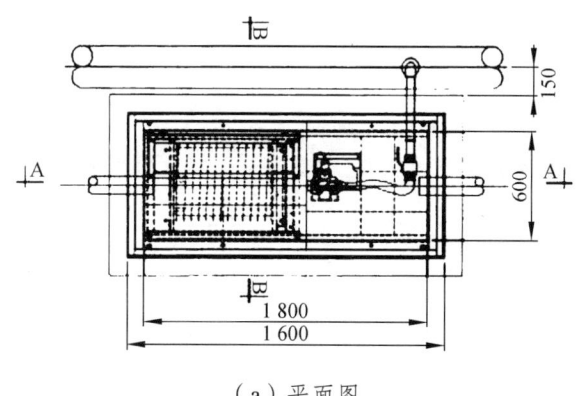

(a)平面图

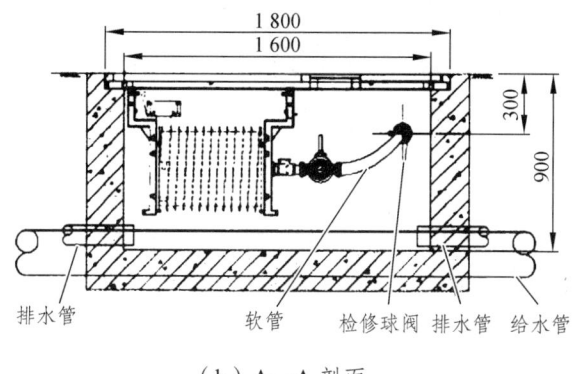

(b)A—A 剖面

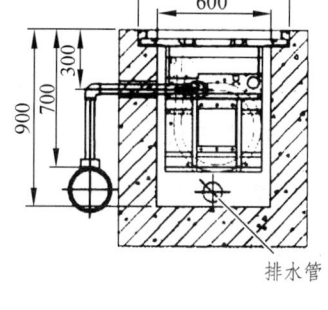

(c)B—B 剖面

图 1-2-1　地下式上水单元构造（单位：mm）

无线遥控上水单元应能设定上水时间、自动关闭水阀、自动排余水、快速接头与动车组注水口自动分离、给水软管回卷等功能。遥控距离不应小于 50 米。

（5）当上水单元上水时，上水管理机应能实时显示该条给水管线当前上水单元状态和流量数据。上水管理机应能贮存和显示该条给水管线历次上水的流量数据。

（6）当环境温度低于 0 ℃时，系统应能自动采用电伴热等方式对旅客列车给水支管及阀进行加热，达到防冻的目的。同时，通过余水自动排出功能将给水管中未进入动车组水箱的余水自动排出，防止给水管冻结。

（7）通过对动车组上水信息进行采集，能够对所有的上水作业过程进行集中管理与控制。

动车组列车上水作业人员在上水作业完毕后，必须将动车组列车注水口盖板关闭，并严格按规定锁闭到位，进行确认。因为动车组列车注水口盖板如未关闭到位，经列车高速运行，注水口盖板会松动弹开，并造成盖板变形，影响以后的锁闭效果。同时，动车组列车在高速运行的情况下，如注水口盖板松动弹开，往往会与站台边沿刮碰，甚至脱落，这对高速铁路运行安全而言是极大的隐患。

动车组上水服务如图 1-2-2 所示。

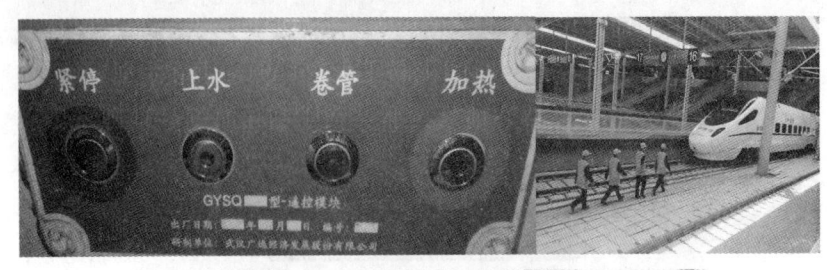

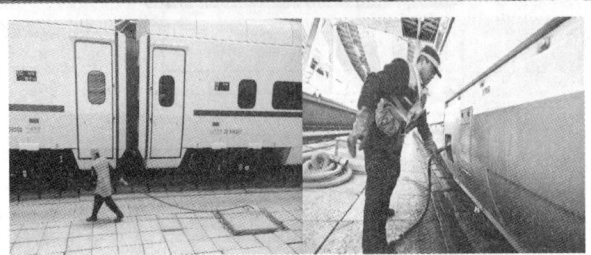

图 1-2-2　动车组上水服务

（三）吸污站服务

吸污站按规定进行吸污作业，保持作业清洁。作业完毕，作业人员向站台客运人员报告。

旅客列车吸污站（点）的设置应符合铁路网规划，合理布局。旅客列车在车站吸污时，应采用固定式吸污方式。

（1）尽头式车站或车场每站原则上不少于 2 条吸污线，设有多车场的车站，每车场原则上不少于 1 条吸污线。

（2）双线通过式车站或车场每站上、下行到发线原则上各不少于 1 条吸污线，设有多车场的车站，每车场上、下行到发线原则上各不少于 1 条吸污线。

（3）单线通过式车站或车场上、下行可合设 1 条吸污线。

（4）各车站或车场固定吸污设施数量应综合考虑停靠动车对数、吸污列车对数、车站或车场能力运用、出入库能力等因素综合确定。

六、商业广告经营

（1）站内商业场所、位置、面积、业态布局统一规划，不占用旅客候车空间，不影响旅客乘降流线，不遮挡旅客服务信息；统一标志，统一服务内容，统一服务标准；有商业经营管理规范，对经营行为有检查、有考核。

（2）站内商铺不得出售可能危害铁路运输安全的商品，候车区域内商铺的商品应当经过安全检查，相关商铺进货时应经由专用通道，避免影响旅客进站安检。

（3）经营单位持有效经营许可，经营行为规范，明码标价，文明售货，提供发票。不出售禁止或限量携带的商品，以及玻璃、陶瓷、金属等硬质包装的商品，以免影响运输安全，不出售无生产单位、无生产日期、无保质期、过期、变质以及严重影响环境卫生的食品。休闲茶座、代搬行李、观光车送客服务无诱导旅客消费。站台售货车数量不得超过列车编组载客车辆辆数的 1/2，不堵占车门、天桥、地道，不聚堆售货，不高声叫卖。

（4）餐饮食品经营场所环境卫生符合要求，用具清洁，消毒合格，生熟（成品、半成品）

分开。销售散装熟食品时,有防蝇、防尘措施,不徒手接触食品。

(5)站内广告设置场所、位置、面积、形式统一规划,广告设施安全牢固,形式规范,内容健康,与车站环境相协调。不挤占、遮挡图形标志、业务揭示、安全宣传等客运服务信息,不影响客运服务功能,不影响安全。旅客通道内安装的广告牌使用嵌入式灯箱,突出墙面部分不超过200毫米,棱角部位采取打磨、倒角处理。除围墙、栅栏外,无直接涂写、张贴式广告。广播系统不发布音频广告。播放视频时不得外放声音。

  任务训练

实训项目	高速铁路车站客运服务标准认知
实训目标	1. 使学生结合实际,加深对高速铁路车站客运服务标准的认识与理解。 2. 培养学生增强高速铁路车站客运服务意识。
实训内容及组织	由教师组织,学生自愿组成小组,每组6~8人,选择以下题目进行高速铁路车站客运服务标准评定,提出对高速铁路客运服务的改进建议。 1. 高速铁路车站安全管理基本要求。 2. 高速铁路车站服务环境和设施标准要求。 3. 高速铁路车站文明服务标准要求。 4. 高速铁路车站服务标志标识标准要求。
实训考核	1. 每组提交一份分析报告。 2. 各组进行汇报。 3. 教师根据各组的分析报告与课堂汇报进行评估。

任务三　动车组列车客运服务标准

  思政素质目标

爱岗敬业、恪尽职守;严格遵守规章制度和劳动纪律。

  职业目标

能够依据动车组列车客运服务标准做好服务工作。

  知识目标

掌握动车组列车客运服务的要求与标准。

  相关知识

动车组列车是指由若干带动力和不带动力的车辆以固定编组组成、两端设有司机室的一组列车。

一、动车组列车安全管理

（一）管理制度

防火防爆、人身安全、食品安全、现金票据、结合部等安全管理制度健全有效。

（二）安全设备

出、入动车所前，由车辆、客运人员对上部服务设施状态进行检查，办理一次性交接；运行途中，发现上部服务设施故障时，客运乘务人员应向列车长报告，并通知随车机械师共同确认、处理。各车厢灭火器、紧急制动阀（手柄或按钮）、烟雾报警器、应急照明灯、防火隔断门、紧急门锁、紧急破窗锤、气密窗、厕所紧急呼叫按钮及车门防护网（带）、应急梯、紧急用渡板、应急灯（手电筒）、扩音器等安全设施设备配置齐全，作用良好，定位放置。乘务人员知位置、知性能、会使用。紧急用渡板、应急梯、车门防护网、绳索、紧急破窗锤、应急灯、扩音器等应急备品由客运部门使用，车辆部门管理。售货小车、微波炉、座椅套、头枕、耳机等客运备品及固定服务设施由客运部门使用管理。

（三）电器使用

1. 安全使用电源，正确使用电器设备

电器元件安装牢固，接线及插座无松动，按钮开关、指示灯作用良好；不乱接电源和增加电器设备，不超过允许负载。配电室（箱）、电气控制柜锁闭，无堆放物品。不用水冲刷车内地板、连接处和车内电器设备。在动车组上使用的电气产品须有3C认证（全称为"中国强制性产品认证"）标志，额定功率不得超过允许范围。需增配、调整用电器时，须经集团公司车辆主管部门批准。动车组配电柜门应锁闭，严禁在配电间（室）内、配电盘、控制箱、电采暖装置等电气装置上部及附近堆放或搭挂物品。餐车配置的微波炉、电烤箱、咖啡机等厨房电器符合规定数量、规格和额定功率，规范使用，使用中有人监管，用后清洁，餐车离人断电。

2. 接线板使用

动车组列车可配置1个接线板（重联动车组前后组各配置1个）供列车客运设备充电使用。配置的接线板应符合《家用和类似用途插头插座第 2-5 部分：转换器的特殊要求》《家用和类似用途插头插座第 2-7 部分：延长线插座的特殊要求》规定，应具有3C认证标志。动车组列车接线板安设在餐车吧台内。在动车组列车上对客运设备充电时，原则上应优先使用乘务员室的插座。可使用接线板充电的客运设备主要包括对讲机、移动补票机、G网手机、餐车POS机、音视频记录仪、办公用笔记本电脑、相关客运系统手持终端等。严禁工作人员自带、自购接线板上车使用。

（四）车门管理

（1）列车到站停稳后，司机或随车机械师开启车门，并监控车门开启状态。开车前，列车长（重联时为运行方向前组列车长）接到车站与客运有关的作业完毕通知后，按规定通知司机或随车机械师关闭车门。

（2）动车组列车停靠低站台时，到站前乘务人员提前锁闭辅助板指示锁并打开翻板，开车后及时将翻板及辅助板指示锁复位。

（3）餐车上货门仅供餐车售货人员补充商品、餐料时使用，无旅客乘降。

（4）列车运行中，车门、气密窗锁闭状态良好。定期巡视，保持通道畅通。发现车门未锁闭或锁闭状态不良时，指派专人看守，并及时通知随车机械师处理。

二、基础管理

（1）管理制度健全，有考核，有记载。定期分析安全和服务质量状况，有具体的整改措施。

（2）按规定配置业务资料，内容修改及时、正确。除携带铁路电报、客运记录外，车上不携带其他纸质资料台账。使用列车移动补票机的人员，必须经培训合格后方能操作。补票机操作人员办理补票时必须登录班组工号和密码，日常要防止泄密。使用时按规定程序操作补票机，防止数据丢失。电子票必须连号使用，不得隔号使用。补票时必须做到开机时核对日期、票号、车次，打票前核对票号，出票前核对票面信息。同步做好手机微信、补票机捆绑等电子支付业务相关工作，退乘缴款时做好补票机、手机解绑等工作；补票遇旅客使用电子支付时，要按操作流程规范操作。

（3）各工种在列车长的领导下，按岗位责任各负其责，相互协作，落实作业标准，有监督，有检查，有考核。

（4）业务办理符合规定，票据、台账、报表填写规范、内容准确、完整清晰。配备保险柜，营运进款结算准确，票据、现金及时入柜加锁，到站按规定解款。

（5）客运乘务人员配备统一乘务箱（包），集中定位摆放；洗漱用具、茶杯等定位摆放。

（6）库内保洁作业纳入动车所一体化作业管理，动车所满足一体化吸污、保洁等整备作业条件。

（7）备品柜、储藏柜按车辆设计功能使用，备品定位摆放。单独配置的备品柜与车身固定，并与车内环境相协调。

（8）定期开展职业技能培训，培训内容适应岗位要求，评判准确。

三、服务环境和设施

（一）设备设施

（1）车辆设备设施齐全，符合动车所出所质量标准。

（2）车内照明符合规定。夜间运行（22:00—7:00）时，座车照明开关置于半灯位；始发、终到站和客流量大的停站，以及列车途经地区与北京时间存在时差时自行调整。

（3）广播视频。

① 广播常播内容录音化；使用普通话；经停少数民族自治地区车站的列车可根据需要增加当地通用的民族语言播音；过港列车可增加粤语播音；直通列车可增加英语播报客运作业信息。

② 广播语音清晰，音量适宜，内容丰富，播报及时，用语准确，不干扰旅客正常休息。自动广播系统播报正确。

③ 视频系统性能良好，使用正常，始发前开启系统播放节目，播放内容符合规定并定期更新。旅客信息系统报站及服务信息内容由客运部门录制，车辆部门上载；列车运行交路信息由车辆部门编制、上载；集团公司动车组列车音视频节目须报经集团公司宣传部审批。编辑、存储、上载装置须专用且由专人负责。自动广播发生故障时，客运人员应立即通知随车机械师进行故障处理，并采用人工广播。

④ 广播、视频内容以方便旅行生活为主，介绍宣传安全常识和车辆设备设施的使用方法，提示旅客遵守安全乘车规定，播报前方停站、到站信息等内容，可适当插播文艺娱乐、文明礼仪、沿线风光、民俗风情、餐食供应、广告等节目。动车组列车采取中英文广播。始发站放行后，播放安全提示和引导信息；开车5分钟内播放欢迎词、安全提示、设备设施介绍及背景音乐等；到站前5分钟，通告站名，组织旅客做好下车准备；终到站前5分钟播放终到告别词。广播播放内容由客运段提报，由宣传、客运部门审定，由客车车辆部门录制。

（4）电源插座。公共区域的电源插座保证符合标示范围的旅行必需的小型电器正常使用。

（5）儿童票标高线。车厢通过台外端门框旁设儿童票标高线。儿童票标高线宽10毫米、长100毫米，距地板面分别为1.2米和1.5米，以上缘为限，距内端门框约100毫米。

（6）车内各种服务图形标志型号一致，位置统一，安装牢固，齐全醒目，符合规定。

（7）车厢外部的电子显示屏显示列车运行区间、车次、车厢顺号等信息，车内电子显示屏显示列车运行区间、车次、车厢顺号、停站、运行速度、温度、中国铁路客户服务中心客户服务电话（区号+电话号码）、安全提示等信息，显示及时、准确。

（二）服务备品

（1）药箱和客运应急备品箱。

药箱内有常用非处方药品、器械。药品、器械有效，用药有登记。药品、器械和材料的配置，按标准分为甲、乙两类。单程全程运行时间超过4小时、运行区间超过1小时或总运行距离超过1 000千米的旅客列车按甲类药箱配置，达不到上述条件的旅客列车配备乙类药箱。进藏列车高原应急药品仍按原铁道部规定执行。应急备品箱内有强光手电、喊话器、口笛等应急物品，做到电量充足，性能良好。

（2）无线对讲机设备。

无线对讲机设备频道/频率按照中国国家铁路集团有限公司《关于印发〈动车组内及动车段检修用无线通信使用频率划分规定〉和〈无线对讲机频道/频率设置原则〉的通知》和通信部门有关规定执行。

列车长、列车员需配备客运站车音视频记录仪，但动车组商务座专职人员不宜佩戴。对巡视检查、站车交接、查验车票、应急处置、旅客伤害处理取证、旅客旁证采集、旅客投诉、行包异常情况记录等非正常情况全程摄录。

涉及站车安全、旅客纠纷、旅客人身伤害、旅客和工作人员权益等问题的，音视频内容保存期限一般应不少于180天；涉及诉讼的保存期限不低于诉讼时效期限；涉及疑难复杂事件，可能引发涉法信访、投诉案件的保存期限为永久。

（3）配备补票机、站车客运信息无线交互系统手持终端、无线对讲等设备。确保设备齐全、电量充足、状态良好。

（4）保洁备品、易耗品配置齐全，定位存放。布制品清洁平整、列车杂志摆放等按规定数量配备，定位摆放。

（5）商务座、一等座车厢服务备品、免费赠品定位摆放，质量及数量应符合要求。

① 靠垫、防寒毯按规定数量配备和更换；耳机、眼罩、小毛巾、一次性拖鞋、一次性水杯、一次性纸杯属消耗品，一客一换。根据旅客需求配备鞋套、防噪声耳塞、牙签、餐巾纸等。靠垫应根据列车定员配备，但考虑可能发生途中污染，应适当增配靠垫或靠垫套。

② 报纸杂志。商务座提供列车始发、折返当地日报或早、晚报等，种类不应少于2种；其他车厢由客运段根据客流等情况自行配置。

应提供服务指南、集团公司自办或招标杂志不少于2种。服务指南应及时补充更新。杂志应为月刊，月初集中配发，根据丢失、破损情况，按需补充。

③ 商务座专项服务项目单可采用铜版纸印制并加以塑封，内容应包含商务座旅客服务方式、服务内容、服务备品和服务标准，也可将专项服务项目单相关内容印制在服务指南内。

④ 餐饮食品。选用非油炸类点心、蜜饯类、坚果、肉制品（不宜使用猪肉制品）等无壳、无核、无皮、无骨、少油的休闲小食品，独立、密封小包装，包装印有生产日期，且易于打开，便于食用。商务座品种不少于6种，特等座、一等座品种不少于3种。小食品每季度调整。

饮品分热茶和饮料，其中热茶配置绿茶、红茶等不少于2种，茶水不间断供应；饮料配置矿泉水、苏打水（弱碱性水）、碳酸饮料、果汁、咖啡等不少于4种，不宜选用功能性饮料。商务座饮品提供不少于6种，特等座、一等座提供不少于3种。

⑤ 餐食。商务座正餐（午餐、晚餐）以冷链为主，配用速溶汤，分量适中，可另行配备面点、菜品、佐餐料包等。品种不少于3种，配有清真餐食。餐食品种定期调整。

（6）餐车有卫生许可证和上料单，食品、商品符合食品安全卫生要求，有高中低不同价位的预包装饮用水和快餐盒饭，有清真餐和素食餐。

餐车分类标志清晰，商品、餐食、饮品和备品等分类定位放置。做到证照齐全有效，商品明码标价，一货一签，标志齐全无破损，分类管理。

（三）整备标准

1. 出库标准

（1）车厢内外各部位整洁，窗明几净，四壁无尘，物见本色。

（2）外车皮、站台补偿器内外、窗门框及玻璃、扶手干净无污渍。

（3）天花板（顶棚）、板壁、边角、地板、连接处、灯罩、座椅（铺位）、空调口、通风口、电茶炉、靠背袋网兜内等部位清洁卫生，无尘、无垢、无杂物。

（4）热水瓶、果皮盘、垃圾箱（桶）、洗脸间内外洁净。

（5）餐车橱、柜、箱干净无异味，分类标志清晰，商品、餐食、饮品和备品等分类定位放置。

（6）厕所无积便、无积垢、无异味，地面干净无杂物。污物箱内污物排尽。

（7）深度保洁结合检修计划安排在白天作业，范围包括车厢天花板、板壁、遮阳板（窗帘）、灯罩、连接处、车梯、商务座椅表面、座椅（铺位）缝隙、座椅扶手及旋转器卡槽、小桌板、脚踏板、暖气罩缝隙、洗手液盒、车厢边角，以及电茶炉、饮水机内部。

（8）布制品、消耗品和保洁工具等服务备品配备齐全，定位放置，定型统一。

（9）卧具叠放整齐，摆放统一，床单、头枕片、座席套、茶几布等铺设平整，干净整洁。

（10）清洁袋、洗手液、卫生纸、擦手纸、一次性坐便垫圈、服务指南、免费读物、商务座专项服务等备品补足配齐，定位放置。服务指南中含有旅行须知、乘车安全须知、本车型的设备设施介绍、主要停靠站公交信息、铁路12306手机客户端和微信公众号二维码及本趟列车销售的商品价目表、菜单。

（11）垃圾小推车等保洁工具及售货车等备品定位放置，不影响旅客使用空间。

（12）可旋转式座椅转向列车运行方向。

（13）定期进行"消、杀、灭"，蚊、蝇、蟑螂等病媒昆虫指数及鼠密度符合国家规定。

2. 途中标准

（1）使用垃圾小推车和专用工具适时保洁，保持整洁卫生。旅客下车后及时恢复车容。

（2）各处所地面墩扫及时、干燥、干净；台面、桌面、面镜擦抹及时、干净、无水渍。

（3）洗脸（手）池、电茶炉沥水盘清理、擦抹及时，无污渍、无残渣、无堵塞、无积水；垃圾车、垃圾箱（桶）、清洁袋、靠背袋网兜、果皮盘清理及时，无残渣；厕所畅通无污物，无异味，按规定吸污。

（4）餐车餐桌、吧台、工作台、微波炉及各橱、箱、柜内保持洁净。

（5）清洁袋、洗手液、卫生纸、擦手纸、一次性坐便垫圈等备品补充及时；卧具污染更换及时。

（6）垃圾装袋、封口、无渗漏，定位放置，在指定站定点投放；不向车外扫倒垃圾、抛扔杂物。

3. 终到标准

终到站时车内无垃圾、污水、粪便、异味。垃圾装袋、封口、无渗漏、到站定点投放。

四、旅行服务

（一）温　度

通风系统作用良好，车内空气清新，质量符合国家标准。始发前对车厢进行预冷、预热，空调温度调节适宜，体感舒适，原则上保持冬季18 ℃～20 ℃，夏季26 ℃～28 ℃。

（二）供　水

1. 饮用水

饮用水保证供应，途中上水站按规定上水。遇到动车组列车需要途中临时补水时，列车长必须提前与所在铁路局集团公司客运调度员、前方给水站联系，告知车次、缺水车厢号、缺水程度等，给水站接到调度指令后，应提前组织给水人员重点给水。遇列车长时间滞留非给水站或给水站设备故障无法给水时，根据列车需要，由所在铁路局集团公司客调安排停靠车站为旅客和餐车送水。

2. 动车所检修库、存车场上水

入动车所检修库或有给水设施的存车场的动车组列车应在动车所检修库、存车场上水。动车所检修库、存车场无给水设施或不具备给水条件时，在车站上水。动车组列车在站折返、途中补（给）水时，在车站上水。

3. 中间站（含折返站）上水作业

动车组列车在中间站（含折返站）进行上水作业时，作业人员上水作业完毕，须关（锁）闭上水口盖板并确认后，通知车站客运人员，车站客运人员通知列车长，列车长确认旅客上下完毕并得到车站客运人员上水作业完毕的通知后，方可按规定通知司机（按钮不在司机操作台上的，通知随车机械师）关闭车门。

4. 终到站（不含折返站）上水作业

动车组列车在终到站（不含折返站）进行上水作业时，作业人员上水作业完毕，须关（锁）闭上水口盖板并确认后，通知车站客运人员，车站客运人员确认列车乘务组退乘完毕、确认列车上水作业完毕后通知司机（按钮不在司机操作台上的，通知随车机械师）关闭车门。

（三）厕 所

（1）厕所卫生质量达标，备品充足，动态保持，为旅客创造良好的旅行环境。及时清理卫生间及洗脸间的杂物，为旅客提供良好的乘车环境。卫生间做到作业后"三无"：无粪便、无污渍、无异味。巡视备品不足时，及时补充消耗备品。通风系统达标，保持空气无异味；保洁质量达标，清除尿渍、积垢等异味源，墙面、洗手台面、玻璃表面干净整洁；安全保障达标，地面干燥、不积水、不湿滑；设施设备达标，挡板、挂钩、门锁（插销）、扶手和冲水装置等设施良好，方便旅客使用。

（2）运行途中，厕所吸污时或未供电时锁闭厕所，其他时间不锁厕所。厕所锁闭时，为特殊情况急需使用厕所的旅客提供方便。

（3）途中遇有动车组列车30%以上的卫生间集便箱满载停用，预计无法维持使用至下一途定吸污站点时，由列车长视情况，按照规定申请进行应急吸污作业。

（四）乘 降

（1）按照列车运行方向"单门车厢先下后上，双门车厢前下后上"办法组织旅客快速有序乘降。在规定立岗位置与车站客运值班员（客运员）办理站车交接，掌握客流情况。交接位置原则上定于：短编组动车组列车在4、5号车厢之间；长编组动车组列车在8、9号车厢之间；重联动车组列车在到达列车运行前组7、8位车厢之间。动车组重联运行时，前、后编组列车长要加强信息沟通，做到交接清楚、掌握重点、信息畅通。

（2）列车长接到车站与客运有关的作业完毕通知后，按规定通知司机或随车机械师关闭车门（重联时先由后组列车长向前组列车长报告，再由前组列车长通知关门）。做到关门信息确认准确、用语规范、按时发车。

（3）车门故障无法自动开启时，手动开启车门，并通知随车机械师处理；无法关闭时，由专人看守并通知随车机械师处理。使用车门紧急解锁装置后，及时复位。

（五）卫　生

建立环境卫生检查评价制度。完善站车深度保洁制度，实施重点部位循环保洁。改进列车保洁质监员评价管理机制，强化环境卫生动态监督，动态整改、动态保持。定期组织对站车厕所及卫生环境进行检查，结合旅客投诉调查结果进行通报。对保洁质量和环境管理问题，严格考核保洁单位和责任单位，对长期整治不力，无法达到质量标准的委外保洁单位建立退出机制，并纳入合同条款。

（六）广　告

广告发布的内容、形式、位置等符合有关规范，布局合理，安装牢固，内容健康，与列车环境协调，不挤占铁路图形标志、业务揭示、安全宣传等客运服务内容或位置，不影响安全和服务功能，不损伤车辆设备设施。

 任务训练

实训项目	动车组列车客运服务标准认知
实训目标	1. 使学生结合实际，加深对动车组列车客运服务标准的认识与理解。 2. 培养学生增强动车组列车客运服务意识。
实训内容及组织	由教师组织，学生自愿组成小组，每组6~8人，选择以下题目进行动车组客运服务标准评定，提出动车组列车客运服务的改进建议。 1. 动车组列车安全管理基本要求。 2. 动车组列车服务环境和设施标准要求。 3. 动车组列车服务备品标准要求。 4. 动车组列车整备标准要求。
实训考核	1. 每组提交一份分析报告。 2. 各组进行汇报。 3. 教师根据各组的分析报告与课堂汇报进行评估。

任务四　高速铁路电子客票实施办法

 思政素质目标

爱岗敬业、恪尽职守；严格遵守规章制度和劳动纪律。

 职业目标

能够根据高速铁路电子客票实施办法做好服务工作。

 知识目标

掌握高速铁路电子客票售票、进站乘车及退票改签的要求。

相关知识

铁路电子客票是以电子数据形式体现的铁路旅客运输合同的凭证。实行电子客票线路范围内的车站和动车组列车，铁路运输企业通过12306.cn网站（含铁路12306手机App）或实行铁路电子客票的车站和铁路客票销售代理点向旅客发售铁路电子客票。旅客或购票人应当妥善保管铁路电子客票信息及购票时所使用的有效身份证件，凭有效购票证件进出站、乘车。

一、售　票

（1）旅客通过12306.cn网站购买铁路电子客票后，可通过网站自行打印或下载"行程信息提示"（如图1-4-1所示），也可在车站指定窗口或自动售/取票机打印（如图1-4-2所示），12306手机App的购票信息单如图1-4-3所示。

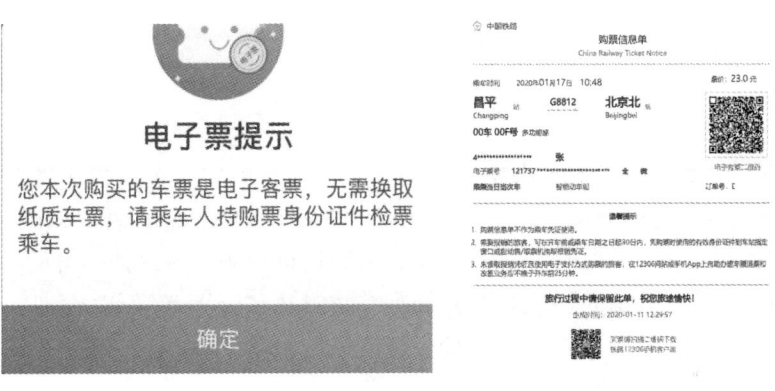

图1-4-1　通过12306.cn下载打印的购票信息单

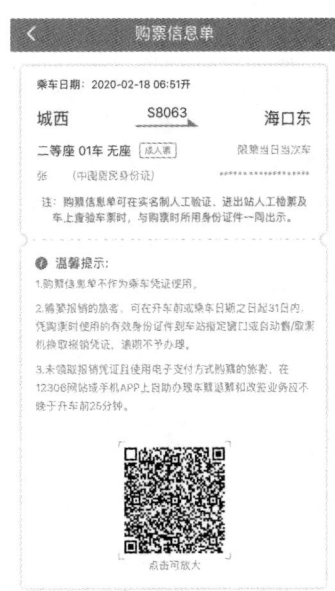

图1-4-2　购票信息单（窗口和自动售/取票机打印格式）　　图1-4-3　12306手机App的购票信息单

（2）车站售票窗口、自动售/取票机和铁路代售点向旅客发售铁路电子客票时，应提供购票信息单，不出具纸质车票，旅客须当场核对购票信息。旅客如需接收购票信息或列车运行变更信息，还应提供购票人或乘车旅客的手机号码。

（3）购票信息单仅作为旅客购票的信息提示。旅客如需报销凭证，可于开车前或乘车日期之日起30日内，凭购票时所使用的有效身份证件原件，到车站售票窗口换取报销凭证（如图1-4-4所示）；超过30日时通过铁路12306客服办理。购票信息单和报销凭证不能作为乘车凭证使用。

（a）铁路票务自助终端　　　（b）非积分支付报销凭证　　　（c）积分支付报销凭证

图 1-4-4　自助终端与报销凭证

（4）符合购买学生票、残疾军人票条件的旅客，乘车前应到车站指定售票窗口或自动售/取票机办理一次本人居民身份证件与学生优惠卡或残疾军人优惠证件的核验手续（学生票需每学年乘车前办理一次），通过核验手续的旅客购票后可凭居民身份证件自助办理实名制验证和进出站检票。铁路工作人员有权在车站和列车核对其减价优惠（待）凭证。持学生票、残疾军人票的旅客，应当在开车前办理核验手续后进站乘车。

二、进站乘车

（1）使用居民身份证（包含中华人民共和国居民身份证、外国人永久居留身份证、港澳台居民居住证）、港澳居民来往内地通行证、台湾居民来往大陆通行证等可识读证件（简称可自动识读证件）购买铁路电子客票的旅客，凭购票时所使用的乘车人有效身份证件原件，可通过实名制核验、检票闸机自助完成实名制验证、进出站检票手续。

使用其他证件购买铁路电子客票的旅客，凭购票时所使用的乘车人有效身份证件原件，通过人工通道完成实名制验证、进出站检票手续。

（2）持儿童票的旅客乘车时，须凭购票时所使用的本人或同行成年人的有效身份证件原件，通过人工通道办理实名制验证、进出站检票手续。

（3）在12306.cn网站注册用户且通过铁路12306手机App成功完成人脸身份核验的旅客，购买电子客票后可凭铁路12306手机App生成的动态二维码，通过车站自动检票闸机办理进、出站检票手续。

（4）自动检票闸机、车站手持移动检票终端在识读旅客身份证件时所做的进站、出站记录分别作为铁路旅客运输合同运送期间的起、止。

旅客进站、出站记录如图1-4-5所示。

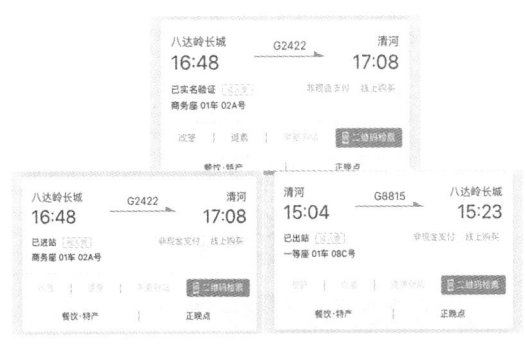

图 1-4-5　旅客进站、出站记录

（5）旅客购票后，丢失购票身份证件的，按以下方式处理。

① 旅客在乘车前丢失证件的，应到该有效身份证件的发证机构办理身份证明，凭身份证明进出站乘车。

② 旅客在列车上、出站前丢失证件的，须先办理补票手续并按规定支付手续费，经站车核验席位使用正常的，开具客运记录交旅客。旅客应在乘车日期之日起 30 日内，凭客运记录、该有效身份证件发证机构办理的身份证明以及后补车票，到列车的经停站退票窗口办理后补车票与原票乘车区间一致部分的退票手续。办理退票手续时，如核查丢失证件有出站记录的，后补车票不予退票；无出站记录的，办理退票时，不收退票费，已核收的手续费不予退还。

三、改签和退票

（1）旅客使用电子支付方式通过车站售票窗口、自动售/取票机、铁路代售点和 12306.cn 网站购买的铁路电子客票，均可通过 12306.cn 网站或车站指定窗口办理改签、退票手续。在 12306.cn 网站注册且通过手机 App 成功完成人脸身份核验的旅客，也可通过 12306.cn 网站办理其他人使用电子支付方式通过车站售票窗口、自动售/取票机、铁路代售点和 12306.cn 网站为其购买的电子客票改签、退票手续。但已打印报销凭证的旅客，应到车站指定窗口按规定办理。

旅客使用现金方式购买的铁路电子客票，须到车站指定窗口办理改签、退票手续。

已打印报销凭证的铁路电子客票办理改签、退票手续时，须收回报销凭证。

（2）旅客办理铁路电子客票改签后，可重新打印购票信息单。

 任务训练

实训项目	高速铁路电子客票服务
实训目标	1. 使学生结合实际，加深对高速铁路电子客票的认识与理解。 2. 培养学生对高速铁路电子客票实施方法的学习兴趣。
实训内容及组织	由教师组织，学生自愿组成小组，每组 6~8 人，选择以下题目进行高速铁路电子客票实施训练。 1. 高速铁路电子客票售票基本要求。 2. 高速铁路电子客票进站乘车要求。 3. 高速铁路电子客票退票改签要求
实训考核	1. 每组提交一份分析报告。 2. 各组进行汇报。 3. 教师根据各组的分析报告与课堂汇报进行评估。

任务五　高速铁路客运服务人员的职业素养

高速铁路客运服务人员的职业素养

复习思考题

1. 解释高速铁路客运服务术语和定义。
2. 简述高速铁路客运服务基本要求。
3. 叙述高速铁路客运服务沟通内容。
4. 简述高速铁路车站安全管理基本要求。
5. 简述高速铁路车站服务环境和设施标准要求。
6. 简述高速铁路车站文明服务标准要求。
7. 简述高速铁路车站服务标志标识标准要求。
8. 简述动车组列车安全管理基本要求。
9. 简述动车组列车服务环境和设施标准要求。
10. 简述动车组列车服务备品标准要求。
11. 简述动车组列车整备标准要求。
12. 简述高速铁路电子客票售票基本要求。
13. 简述高速铁路电子客票进站乘车要求。
14. 简述高速铁路电子客票退票改签要求。
15. 简述高速铁路客运服务人员职业道德要求。
16. 简述提高高速铁路客运服务人员学习能力的方法。

项目二　高速铁路客运服务沟通基本技能

项目描述

在信息化高速发展的时代，沟通是一件非常重要的事情。不论身在何处，面对什么样的人，良好的沟通往往可以达到事半功倍的效果。相反地，不良的沟通习惯不仅会伤害别人，更可能损害自己，因此，要懂得建立恰当的沟通模式来推动建立良好的人际关系。本项目主要介绍沟通概述、高速铁路客运服务沟通基本技能、高速铁路客运服务人员自我沟通等相关知识。通过本项目的学习，学生应掌握高速铁路客运服务沟通的基本技能。

任务一　沟通概述

思政素质目标

具有良好的职业道德和职业素养；崇德向善、诚实守信、爱岗敬业，具有精益求精的工匠精神。

职业目标

能感受沟通在人际交往中的作用，体会沟通的必要性。

知识目标

理解沟通的基本知识，掌握沟通的分类。

相关知识

沟通是人与人之间传递信息、传播思想、传达情感的过程，是一个人获得他人思想、情感、见解、价值观的一种途径，是人与人之间交往的一座桥梁。通过这座桥梁，人们可以分享彼此的情感和知识，消除误会，增进了解，达成共同认识或共同协议。

一、沟通的概念及作用

沟通主要是通过有声语言、表情、身体动作和书面介质等途径进行的。双方将自己的观点、意见、情感、态度及其他信息与对方交流，使双方相互了解。在相互了解的基础上，排除干扰，建立信任，增加相互合作的机会。

（一）沟通的概念

沟通（communication）指的是两个或两个以上的人或者群体，通过一定的联系渠道，传递和交换各自的意见、观点、思想、情感及愿望，从而相互了解、相互认知的过程。

沟通包含以下三个含义。

1. 沟通是有中介体的双方行为

沟通"双方"既可以是"人"，也可以是"群体"。高速铁路客运服务沟通主要阐述"人"与"人"的交流形式，着重点是高速铁路客运服务人员与旅客的信息沟通。沟通是高速铁路客运服务工作的重要组成部分。

2. 沟通是一个过程

沟通过程指的是信息交流的全过程。人与人之间的沟通过程可分为：信息发出者把所要发送的信息按一定程序进行编码后，使信息沿一定通道传递，接受者接收到信息后，首先进行译码处理，然后对信息进行解读，再将收到信息后的情况或反应发回信息发出者，即反馈。

3. 编码、译码和沟通渠道是有效沟通的关键环节

用语言、文字表达的信息，往往含有"字里行间"和"言外之意"的内容，甚至还会造成"说者无心，听者有意"的结果。如果沟通渠道选择不当，往往会造成信息堵塞或信息失真现象，这些因素必须在沟通时加以注意。

（二）沟通的作用

沟通不仅是获知他人思想、感情、见解、价值观的一种途径，而且是一种重要的、有效的影响他人和改变他人的手段。在以人为本的企业文化中，沟通的地位越发重要，所做的每一件事都需要有信息沟通。

沟通的作用可以从信息、情绪表达、激励和控制四个方面去理解。

1. 收集信息

收集信息使决策能更加合理和有效。沟通的过程实际上就是信息双向交流的过程，服务人员须根据信息做出判断，然后把信息转变为行动。准确可靠而迅速地收集、处理、传递和使用信息是决策的基础。

2. 改善人际关系

沟通是人际交往的重要组成部分，可以解除人们内心的紧张等不良情绪，使人感到愉悦。在相互沟通中，人们可以增进了解，改善关系，减少不必要的冲突。

3. 激励员工

沟通能使团队中的组织成员明确形势，告诉他们做什么，如何来做，没有达到标准时应该如何改进。在沟通的过程中，信息的接受者接收并理解了发送者的意图之后，一般来讲会做出相应的反应，改变自身的行为。这时沟通的激励作用就体现出来了。

4. 控制作用

沟通对组织成员的行为具有控制作用。组织的规则、章程、政策等是组织内每一个成员都必须遵守的，对成员的行为具有控制作用。而成员是通过不同形式的沟通来了解、领会这些规则、章程、政策的，因此，沟通对组织成员的行为具有控制作用。

二、沟通的结构

整个沟通过程由信息源、信息、通道、信息接受者、反馈五个要素组成。五个要素之间的相互关系如图 2-1-1 所示。

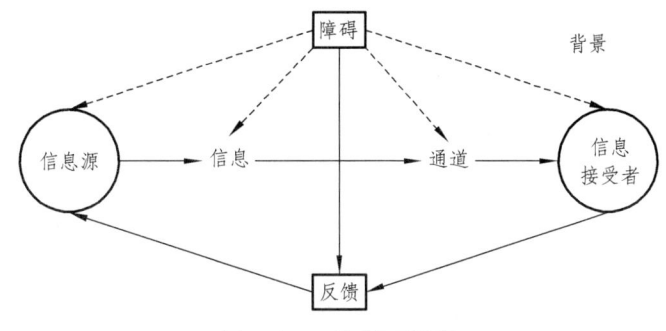

图 2-1-1 沟通五要素

1. 信息源

信息源是具有信息并试图进行沟通的人。他们始发沟通过程，决定以谁为沟通对象，并决定沟通的目的。沟通的目的可以是提供信息，也可以是影响别人，使别人改变态度，或者是与人建立某种联系，或纯粹为了娱乐。作为信息源的沟通者，在实施沟通前，必须首先在自己丰富的记忆里选择出试图沟通的信息。然后，这些信息还必须转化为信息接受者可以接受的形式，如文字、语言或表情等。

2. 信 息

从沟通意向的角度说，信息是沟通者试图传达给别人的观念和情感。但个人的感受不能直接为信息接受者接受，因而它们必须转化为各种不同的可为别人所觉察的信号。在各种符号系统中，最为重要的是语词。语词可以是声音信号，也可以是形象（文字）符号，因而它们是可被觉察、可实现沟通的符号系统。更为重要的是，语词具有抽象指代动能，它们可以代表事物、人、观念和情感等自然存在的一切。因此，它们也为沟通在广度和深度上提供了最大的可能性。

语词沟通是以共同的语言经验为基础的。没有相应的语言经验，语词的声音符号就成了无意义的音节，形象符号也成了无意义的图画。如果对不懂中文的人讲汉语，那对方就不能从你的声音符号里面获得意义，沟通也就不能实现。另外，即使是使用同一种语言的人，对于同一个语词，不同的人在理解上也常常是有区别的。因为对于任何一个语词的意义，不同的人都有不同的经验背景。由于不同的人在词义理解上存在差异，实际上完全对应的沟通是很少的，更多的沟通都发生在大致对应的水平上。日常生活中人们时常出现误解，也往往是由于对于同一个语词的理解不一致引起的。

3. 通　道

通道指的是沟通信息所传达的方式。我们的五种感觉器官都可以接收信息，但最大量的信息是通过视听途径获得的。日常生活中所发生的沟通也主要是视听沟通。通常的沟通方式不仅有面对面的沟通，还有以不同媒体为中介的沟通。电视、广播、报纸、电话等，都可被用作沟通的媒介。在各种方式的沟通中影响力最大的，仍是面对面的沟通方式。面对面沟通时除了语词本身的信息外，还有沟通者整体心理状态的信息。这些信息使得沟通者与信息接受者可以发生情绪的相互感染。此外，在面对面沟通的过程中，沟通者还可以根据信息接受者的反馈及时调整自己的沟通过程，使其变得更适合于听众。面对面沟通能够更有效地对信息接受者产生影响。

4. 信息接受者

信息接受者指接受来自信息源的信息的人。信息接受者在接受携带信息的各种特定音形符号之后，必须根据自己的已有经验，将其转译成信息源试图传达的知觉、观念或情感。这是一个复杂的过程，包括注意、知觉、转译和储存等一系列心理动作。由于信息源和信息接受者拥有两个不同但又具有相当共同经验的心理世界，因此，信息接受者转译后的沟通内容与信息源原有的内容之间的对应性是有限的。不过，这种有限的对应在更多的情况下足以使沟通的目的得以实现。

在面对面的沟通过程中，信息源与信息接受者的角色是不断转换的，前一个时期的信息接受者，则成了下一个时期的信息源。在日常生活中，每一个人都必须很好地了解如何有效地理解别人和被别人理解，了解沟通过程中信息的转译和传递机制。只有这样，才能提高沟通的有效性和准确性。

5. 反　馈

反馈的作用是使沟通成为一个交互过程。在沟通过程中，沟通的每一方都在不断地将信息回送另一方，这种回送过程就称作反馈。反馈可以告诉信息发送者和信息接受者接受和理解每一信息的状态。如果反馈显示信息接受者接受并理解了信息，这种反馈为正反馈。如果反馈显示的是信息源的信息没有被接受和理解，则为负反馈。显示信息接受者对于信息源的信息反应不确定状态叫作模糊反馈。模糊反馈往往意味着来自信息源的信息尚不够充分。成功的沟通者对于反馈都十分敏感，并会根据反馈不断调整自己的信息。

反馈不一定来自对方，也可以从自己发送信息的过程或已发出的信息中获得反馈。当人们发现所说的话不够明确，或写出的句子难以理解时，自己就可以做出调整。对应于外来反馈，心理学家称这种反馈为自我反馈。

三、沟通的特点

沟通不同于机器间的信息传递，也不同于大众传播，有其自身独到的特点。

1. 过程性

通过对沟通要素的分析可以看到，沟通具有较强的过程性。如果人为阻断或由其他条件干扰过程的正常进行，沟通就无法实现。并且，不仅要保持过程的完整性，还要注意过程各阶段的次序性。有时，仅仅打乱了次序就会歪曲信息的内容。接收了歪曲的信息，不仅达不到沟通的目的，甚至可能会起反作用。

2. 相制性

沟通的双方都是具有主观能动性的人，因而，沟通的"受体"是具有"主观能动性"的受体。这就意味着不仅在沟通之前，人们要分析双方的动机、目的和心理定式等，为发出信息"定格"，而且在沟通过程中，双方也都企图通过符号系统的表达影响对方，期望引发相应的反应。所以，常见的现象是，双方既是发送者又是接受者，从而使沟通过程具有明显的相互制约性，并且在沟通过程中，双方各自不同的经验背景等都可能介入，从而使这种制约作用进一步加强。

3. 情境性

沟通不是在"真空"中进行的，因而必然受到时间、地点和情境条件的制约。情境主要包括时间、地点是否恰当，双方各自的心理状态如何，当时氛围如何，彼此是否尊重，物质环境如何等。这也体现了沟通的复杂性。

4. 后果性

在沟通过程中，信息一旦发出并被对方破译，就会引起对方的反应，即出现后果。虽然在发出不当信息之后可以努力去弥补，对前词加以解释或修正，但话一出口，覆水难收，想让对方没有印象是不可能的。有鉴于此，高速铁路客运服务人员在跟旅客说话时一定要慎重，要对自己说出的话负责任，否则就会影响沟通。

5. 一致性

要实现沟通，必须借助双方共同掌握的同一编码、译码体系才能完成，即双方使用同一或双方相互了解的暗示符号。特别是在沟通过程中双方经常换位，更显示了这一点的重要性。

6. 无意识性

人们在沟通过程中，常常会发生口误，或者下意识地做出某种动作，显现某种神情，这些都体现了沟通中的无意识性。这种无意识的流露，在沟通中很重要，"说者无心，听者有意"，常常是一个过程是否转向的关键，同时也为我们更准确地观察了解对方的真实用意提供了可能和机会。如经过一段时间的研究就可能发现，下意识地摸摸鼻子常体现尴尬，咬指甲显现出无聊，乱动腿反映出心绪不宁等。

四、沟通的种类

沟通的类型十分复杂，几乎每一种类型的沟通都与日常生活有着密切的联系。掌握了沟通的分类，在沟通的过程中才能达到理想的效果。

（一）语言沟通和非语言沟通

沟通按沟通方式可分为语言沟通和非语言沟通，语言沟通包括口头语言沟通和书面语言沟通，非语言沟通包括声音语气（比如音乐等）、肢体动作（比如手势、舞蹈、武术、体育运动等）等。最有效的沟通是语言沟通和非语言沟通的结合。

1. 语言沟通

语言沟通指以语词符号实现的沟通。语言沟通是沟通可能性最大的一种沟通，它使人的沟通过程可以超越时间和空间的限制。人不仅可以通过文字记载来研究古人的思想，也可以将当代人的成就留传给后代。借助于传播媒介，一个人的思想可以为很多人所分享。所有这些，没有语词是无法实现的。

在人类的一切经验当中，共同性最大的就是语词。因此，语词沟通是最准确、最有效的沟通方式，也是运用最广泛的一种沟通。一个人如果缺乏语言能力，那么与人沟通的过程就会变得十分困难，有些沟通则根本无法实现。

2. 口语沟通与书面沟通

口语沟通与书面沟通是语词沟通的基本方式。口语沟通是指借助于口头语言实现的沟通。通常提及口语沟通时，一般都是指面对面的口语沟通。而通过广播、电视等实现的口语沟通通常被称作大众沟通或大众传播。

口语沟通是日常生活中经常发生的沟通形式。交谈、讨论、开会、讲课等都属于口语沟通。口语沟通是保持整体信息交流的最好沟通方式。在口语沟通中，沟通者之间相互作用充分，因而沟通的影响力也大。不过，与书面沟通相比，口语沟通中信息的保留全凭记忆，不容易遗忘。同时，沟通时沟通者对说出的话没有反复斟酌的机会，因而容易失误。

书面沟通指借助于书面文字材料实现的信息交流。通知、广告、文件、报纸、杂志等都属于书面沟通形式。书面沟通由于有机会修正内容和便于保留，因而沟通不易失误，准确性和持久性也较高。同时，由于阅读接受信息的速度远比听讲快，因而单位时间内的沟通效率也较高。但是，由于书面沟通缺乏信息提供者背景信息的支持，因而其信息对人的影响力较低。

3. 非语言沟通

（1）非语言沟通的概念。

非语言沟通是人们运用表情、手势、眼神、触摸等方式，以空间为载体进行的信息传递，是人际沟通的重要方式之一，也是无声语言沟通的一种形式。

（2）非语言沟通的作用。

非语言沟通对语言沟通具有加强作用；非语言沟通对语言沟通具有辅助作用；非语言沟通对语言沟通具有替代作用；非语言沟通对语言沟通具有否定作用（所谓"眼神"骗不了人）。

（3）非语言沟通的分类。

① 副语言沟通。

副语言沟通是指有声但没有具体意义的辅助语言（包括音质、音调、语速，以及停顿和叹词等）的沟通应用。副语言虽然有声音，但因为本身没有具体的语义，所以不能称为语言。副语言沟通能传递非常丰富的信息，在某些场合甚至胜过语言沟通。

② 身体语言沟通。

身体语言既包括先天性的身体特征，如身高、肤色等，也包括后天训练或者塑造的特征，如发型、服饰、化妆、头部动作、身体动作、身体姿态等。总体来说,身体语言能分为形象语言、肢体语言、面部表情语言等几种。

一个人的形象对信息的传递起着非常大的作用,管理学中有"致命的7秒"这个说法,即对一个人的第一印象通常在7秒之内就已决定。研究表明,看上去有魅力的人往往更容易被人接纳,其说出来的话也更容易被人相信,我们必须要清醒认识并且接受一个事实,即自己不仅是作为沟通的对象出现的,还是他人的审美对象。

身体的姿势与动作被称为肢体语言。肢体语言包括人的身体姿势、身体动作(手部动作、头部动作、肩膀动作、脚势和身体接触等)。

身体姿势包括走路的姿势、站立的姿势、就座的姿势。走路时要自然、大方,不能给人懒散的感觉。男士站姿应体现阳刚之美,抬头挺胸,双脚大约与肩膀同宽站立,重心自然落于双脚中间,肩膀放松。女士则宜丁字步站立,体现出柔和之感。

在坐姿方面,以大方、舒服为原则。坐得太直,会让人感觉僵硬,坐得太松弛,会让人觉得失礼。

手是人类运用最广泛的器官,其在非语言沟通中的作用也非常巨大,是身体动作中最重要、最容易被关注的部分。它以不同的动作,配合讲话者的语言,传递讲话者的心声。

从手部动作(手势)的含义和作用来看,其可以分为功能性手势和辅助性手势两大类。功能性手势主要用来指示事物的方位或描述事物的形状。比如手指前方,向问路的人说"就在前面"。辅助性手势主要是自觉或不自觉地配合自己的语言所使用的手势。

辅助性手势示例如图 2-1-2 所示。

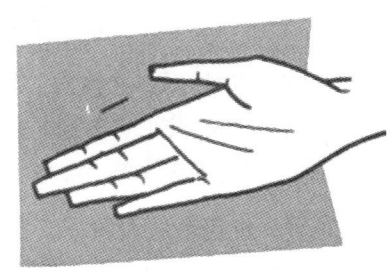 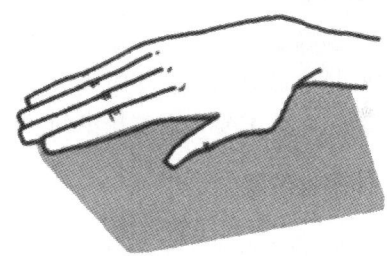

(a)无恶意　　　　　　　　　　　(b)权威性

图 2-1-2　辅助性手势

头部动作要结合不同的语境来识别和判断。在对方说话的时候轻轻点头,一般表示理解、认可、赞同、肯定,在和人相遇的时候轻轻点头,则代表"打招呼"和问候。摇头一般代表不同意、不认可、拒绝,有时候轻轻摇头还代表对思考中的问题的否决。低头一般表示谦恭、臣服、认错、顺从、害羞。仰头一般代表着比较激昂的情绪,比如自信、激动、悲愤、不服气等。

耸肩膀在西方人的沟通中运用较多,一般是耸耸肩膀,摊开双手,表示一种无奈或不理解。受到惊吓的时候,也会紧张得耸肩膀。

抖脚表明轻松或无聊,跺脚表明兴奋或愤怒,而脚尖的方向,会泄露一个人的倾向。

身体接触是沟通双方通过身体某一部位的接触,传递某种沟通信息,最典型的身体接触是握手、拍肩膀、拥抱等。

③ 面部表情语言。

面部表情语言即通过五官的动作和形态传递信息。

一个人眼睛的形态可以反映其喜怒哀乐。首先是眼睛瞳孔的变化。在相同的灯光条件下，随着态度和情绪从积极转向消极，瞳孔会由扩张转向收缩，反之亦然。当人们处于兴奋的状态时，瞳孔会比原始尺寸扩大数倍。相反，如果人们处于消极的情绪时，瞳孔就会收缩。

鼻子在沟通中较少使用，但也会泄露一个人的真实感情。比如，不满的时候，会在鼻子里发出哼哼的声音；愤怒的时候，鼻孔会张大、鼻翼翕动；紧张的时候，鼻子会流汗、鼻尖会发红，说谎的时候，会不自觉地摸鼻子。

嘴的表情是通过上下唇的动作来实现的，比如生气或不屑时，嘴巴往下撇；开心微笑时嘴角上翘；惊讶时张大嘴巴。

眉毛除了和眼睛一起，构成仪表的重要部分外，还表现着主人的心情。如眉飞色舞、扬眉吐气、眉开眼笑说明心情很好；横眉冷对说明愤怒；双眉紧锁说明苦恼。

激动的时候耳朵会红，撒谎的时候有人会用手拽耳朵。

面部表情是情绪的真实写照，大部分人的喜怒哀乐都会表现在脸上。面部肌肉放松说明心情也很轻松，而脸色阴沉则是遇到了烦恼。面部所有器官与脸色组合使用形成面部表情。

4. 环境语言沟通

环境是沟通必备的要素，所有的沟通必然都发生在特定的环境中，通过时间环境、空间环境进行信息和情感的交互。

（1）时间环境。

沟通时间的确定，反映出沟通主体对于沟通事项及对象的态度。是迫不及待、越早越好还是无所谓？是选择对方的工作时间段，还是选择无关紧要的时间段？是预留了非常充足的时间，还是利用两个重要日程安排中间的一小段"边角料"时间？是上班时间，还是可以进行更深入交流的下班时间？这些安排都流露出沟通主体对沟通的重视程度。

（2）空间环境。

人们在交际中有四种空间距离——亲密距离、私人距离、社交距离、公众距离。

亲密距离是至爱亲朋之间的交往距离，可分为近位亲密距离和远位亲密距离。近位亲密距离在0～15厘米，这是一个亲密无间的距离空间，能够直接感受到对方的体温和气息。远位亲密距离在15～46厘米，这是一个可以肩并肩，手挽手的空间，可谈论私密内容，说悄悄话。

私人距离是一个更有"分寸感"的交往距离，可分为近位私人距离和远位私人距离。近位私人距离在46～76厘米。在这一距离内，稍一伸手就可触及对方，双方可以亲切握手，谈话双方会有一种亲切感。远位私人距离在76～122厘米。在这一距离内，双方都把手伸直才有可能相互触及，这一距离有较大的开放性。

社交距离是体现社交性的、较正式的人际关系的距离，可分为近位社交距离和远位社交距离。近位社交距离在1.22～2.13米，在工作环境中，领导与部属谈话、布置任务、听取汇报等一般保持这个距离。在一般的社交聚会上、陌生人之间、客户之间商谈事务时也采用这一距离。远位社交距离在2.13～4米。这是正式社交场合、商业活动、国事活动等所采用的距离。采用这一距离主要在于体现交往的正式性和庄重性。

公众距离是人际接触中的最大距离,是一切人都可以自由进入的空间,可分为近位公众距离和远位公众距离。近位公众距离在4米之外。通常是小型活动的讲话人与听众之间的距离、教师讲课与学生听课之间的距离。远位公众距离在8米之外。这是大型报告会、听证会、文艺演出时报告人、演讲者、演员与听众、观众之间应当保持的距离。重要人物在演讲时需要与听众保持这一距离,以便在增强权威感的同时确保安全。

（二）有意沟通与无意沟通

在大多数情况下,沟通都具有一定目的,这种沟通是有意沟通。但是有时候,我们事实上在与别人进行着信息交流,而我们并没有意识到沟通的发生。在这种情况下,沟通是无意沟通。

有意沟通很容易理解。每一个沟通者,对自己沟通的目的都会有所意识。通常的谈话、打电话、讲课、写信、写文章,甚至闲聊,都是有意沟通。表面上,闲聊好像没有沟通目的,实际上,闲聊本身就是沟通目的,沟通者可以通过闲聊消磨时光、排解孤独。

无意沟通不容易为人们所认识。事实上,出现在我们感觉范围中的任何一个人,都会与我们存在某种信息交流。心理学家发现,如果你一个人在路上跑步或骑车,那速度常较慢,而如果有别人（不管你认识或不认识）与你一起跑,或一起骑,你的速度会不自觉地加快。同样的过程也发生在别人身上。显然,你们彼此有了信息沟通,发生了相互影响。你走在大街上,无论来往行人的密度有多么大,你也很少与别人相撞。因为你与其他人在走路过程中,随时都在调整彼此的位置,你在与许多人保持着信息交流。

（三）正式沟通与非正式沟通

正式沟通指在正式社交情境中发生的沟通,而非正式沟通指在非正式社会情境中发生的沟通。每个人在日常生活中都离不开这两种沟通。在正式沟通过程中,如参加会议、发表讲话等,对于语词性的、非语词性的信息都会高度注意。语言上用词会更准确,并会注意语法的规范化。对于衣着、姿势和目光接触等也会十分注意。人们希望通过这些表现来为自己塑造一个好的形象,以便给别人留下良好印象。在正式沟通过程中,往往存在典型的"面具"效应,即人们试图掩盖自己的不足,行为举止上也会变得更为符合社会期望。

在非正式沟通过程中,如小群体闲谈等,人们会更为放松,行为举止也更接近其本来面目。沟通者对于语词和非语词信息的使用都比正式沟通随便。

（四）自我沟通与人际沟通

沟通不仅可以在个人与他人之间发生,也可以在个人自身内部发生。这种在个人自身发生的沟通过程就是自我沟通。比如人去抓握一个东西,全部过程都是由反复的自我沟通构成的。首先是眼睛看到东西,信息由传入神经传到大脑,然后由大脑根据肌体需要发出抓握指令,指令经传出神经到达肌肉,被肌肉接受并引起收缩。如果抓握动作第一次不够准确,还会发生一系列的信息反馈调节。

自言自语是最明显的自觉的自我沟通过程。一个人在做事时常自己对自己不断发出命令,自己又接受或拒绝命令。小孩搭积木时,口中常念念有词:"这一块应该放这儿。不对,应该放这儿。对，就是放这儿。"这是典型的自我沟通过程。

自我沟通过程是一切沟通的基础。事实上，人们在对别人说出一句话或做出一个举动前，就已经经历了复杂的自我沟通过程。不过，只有在必须对一句话进行反复斟酌，或对一个举动反复考虑时，才能清楚地意识到这种过程的存在。自我沟通过程是其他形式的人与人之间沟通成功的基础。

 任务训练

实训项目	认知沟通服务
实训目标	1. 使学生结合实际，加深对沟通服务的认识与理解。 2. 培养学生对沟通服务学习的兴趣。
实训内容及组织	由教师组织，学生自愿组成小组，每组 6～8 人，选择以下题目进行沟通服务分析。 1. 分析沟通的意义与作用。 2. 分析沟通的结构。 3. 分析沟通的种类。
实训考核	1. 每组提交一份分析报告。 2. 各组进行汇报。 3. 教师根据各组的分析报告与课堂汇报进行评估。

任务二　高速铁路客运服务沟通基本技能

 思政素质目标

具有良好的职业道德和职业素养；崇德向善、诚实守信、爱岗敬业，具有精益求精的工匠精神。

 职业目标

能够应用高速铁路客运服务沟通基本技能做好服务工作。

 知识目标

掌握高速铁路客运服务沟通基本技能的种类及应用技巧。

 相关知识

沟通无处不在，无时不有。不论是语言或非语言、文字或符号、有意或无意、积极或消极，沟通是我们每个人每天都要做的事情，是我们生活中必不可少的部分。

一、高速铁路客运服务沟通内涵

高速铁路客运服务沟通主要是指铁路企业、高速铁路客运服务人员与旅客之间的交流和沟通。

高速铁路客运服务沟通是铁路与旅客的信息交流。具体的沟通方式应根据现场条件，在显著位置选择设置服务台、信息牌、显示屏、图形符号，配合网站、广播、移动通信信息媒介等多种手段，为旅客出行提供信息。提供服务信息应准确，不使用生僻字和专业术语，更新及时。

1. 服务信息沟通

铁路应为旅客提供以下服务信息。

（1）安全信息。

安全信息包括禁止或限制携带物品信息、安全警示标志、设施设备使用安全注意事项等。

（2）价格信息。

价格信息包括车票价格、行李运输价格、商品及服务价格等。

（3）票务信息。

票务信息包括购票渠道信息、余票信息及车票改签、补票、退票流程和所需凭证等。

（4）进站信息。

进站信息包括营业时间、车票实名制查验、旅客接送站、行李托运提取流程等。

（5）检票信息。

检票信息包括候车区域、检票口位置及检票开始、停止时间等。

（6）列车运行信息。

列车运行信息包括列车时刻、正晚点信息以及列车加开或停运信息等。

（7）出站信息。

出站信息包括出站补票位置、换乘衔接信息等。

换乘衔接信息沟通如图 2-2-1 所示。

图 2-2-1　换乘衔接信息沟通

（8）客户服务信息。

客户服务信息包括服务承诺、旅客诚信信息、遗失物品信息及咨询、建议、投诉、求助渠道等。

2. 客户服务沟通

铁路利用人工服务台（窗口）、客户服务电话和互联网等多种媒介提供客户服务。提供24小时客户服务，每日7:00—23:00提供人工服务。在车站和列车醒目位置公布电话、网络、信函等投诉处理渠道，对每件投诉有记录，在3个工作日内答复受理情况，10个工作日内告知实质性处理结果。

3. 高速铁路客运服务人员人际沟通

人际沟通是指人与人之间在共同活动中彼此交流思想、感情和知识等的过程。它是沟通的一种主要形式。

高速铁路客运服务人员人际沟通最核心的内容是高速铁路客运服务人员与旅客之间的信息交流，也就是高速铁路客运服务人员和旅客在共同活动中彼此交流各种观念、思想和感情的过程。这种交流主要通过高速铁路客运服务人员的言语、表情、手势、体态及社会距离等来表示。

高速铁路客运服务工作从本质上来说，代表的是一种人际交往关系。作为"列车、车站的工作人员"，需要拥有一个正面的、积极的心态，用现在流行的话说，就是要表现出"正能量"。高速铁路客运服务人员的态度在为旅客服务过程中占了首要地位，每一个高速铁路客运服务人员都要学会说话的艺术，善于跟普通旅客沟通、跟老年旅客沟通、跟儿童旅客沟通，以及跟情绪不稳定的特殊旅客沟通。面对不同的旅客，应该使用不同的语言技巧。同时，我们的笑容也是为旅客服务时的强大"武器"，没有人喜欢受到冷漠的对待，没有人喜欢呆板无趣的教条式的对话，凡事要"请"字当头，多说"谢谢"。你对待旅客的态度，旅客是可以感受到的，旅客也会跟你说："谢谢，你辛苦了。"听到这句话的时候，客运服务人员的心里会非常感动，自己的辛苦付出原来旅客都看在眼里，是被理解和被认可的。

高速铁路客运服务人员为旅客服务的时候，需要多一份责任感，用我们的爱心、包容心、同情心和耐心，把旅客当作我们的家人和朋友。当他跟你说需要帮助的时候，我们可以很热情地回应："好的，您稍等，我马上来！"让旅客感受到家人般的关怀，无形中提升了旅客的满意度。

立岗迎客时、引导旅客入座时、巡视车厢时、提供餐饮时、到站前告知时间与温度时、道别时等，都是跟旅客沟通的良机，乘务人员知冷知热的一句话，都可以让旅客为乘务服务加分。

学会说话，恰到好处地说话，巧妙地运用语言技巧，在工作中锻炼提升我们的服务能力，可以为旅客带来更好的服务感受，为旅客打造和谐、温馨的旅途氛围，有力地提升我们的服务品质，提高旅客对客运服务的满意度。

二、高速铁路客运服务人员人际沟通的原则和品格

（一）高速铁路客运服务人员人际沟通应遵循的原则

1. 平等的原则

高速铁路客运服务人员人际沟通要遵循平等的原则。平等原则是相对的、现实的，人都有受人尊重的需要，高速铁路客运服务人员与旅客的有效人际沟通也是建立在平等原则的基

础上的，高速铁路客运服务人员与旅客需要相互尊重，需要相互的平等对待，在礼仪面前人人应该平等。无论是公务还是私交，不论职务高低，不论家资贫富，都没有高低贵贱之分，要以朋友的身份进行交往，才能融洽。平等，是人与人之间建立情感的基础，只有以平等的姿态出现，不盛气凌人，不高人一等，给别人以充分的尊重，才有可能形成人与人之间的心理相容，产生愉悦、满足的心境，形成和谐的人际交往关系。

2. 相容的原则

相容即高速铁路客运服务人员与旅客之间的融洽关系，在与旅客相处时要宽容、忍让。相容表现在对工作对象的理解、关怀和喜爱上。在高速铁路客运服务人员人际交往中，由于各自成长环境、道德修养、个性特征等差异的存在，沟通和交往中出现认识不一致或因误会、不理解而产生矛盾是不可避免的。这就要求服务人员在工作中遵循相容原则，理解旅客，在非原则性问题上不斤斤计较，而且在旅客明显对自己有误解的时候，也能以德报怨、求同存异。所谓"君子和而不同，小人同而不和"，君子不但要成人之美，更要有容人之德。求同存异，互学互补，才能更好地完成客运服务工作。

3. 互利的原则

互利指高速铁路客运服务人员与旅客的交往要互惠互利，可表现为双方关系的相互依存，通过物质、能量、精神、感情的交换而使各自的需要得到满足。人际沟通是一种双向行为，只有单方获得好处的人际交往是不能长久的。互利原则要求我们了解旅客的价值观倾向，多关心、多帮助旅客，尽量让旅客的得大于失，从而维持和发展与旅客的良好关系。互利原则，既包括物质方面的，也包括精神方面的，但互助互惠并不是等价交换，更不是庸俗的交易，而是一种自觉自愿的相互付出、相互奉献。既要考虑双方的共同价值和共同利益，满足共同的心理需要，又要促进相互间的联系，深化双方的感情。

4. 信用的原则

信用指高速铁路客运服务人员诚实、不欺骗、遵守诺言，进而取得旅客的信任。与守信用的人交往有一种安全感，与言而无信的人交往内心充满焦虑和怀疑。一个心地坦诚、纯洁无私的人会受到大家的欢迎，那种矫饰、伪装、抑制自己的真情，闪烁其词，敷衍搪塞的人是难以获得美好的感情的。当然，高速铁路客运服务人员也应该看到社会环境、人际关系的复杂性。真诚是高速铁路客运服务人员人际交往的第一要素，但并不是唯一要素。

除了上述高速铁路客运服务人员人际沟通的基本原则外，还要注意和旅客保持适度距离，不要过于亲近；要虚心听取不同意见，不要好为人师；要自尊自爱，不要热衷于接受旅客的馈赠等。

（二）高速铁路客运服务人员在服务沟通中的优秀品格

客运服务在本质上是一种高速铁路客运服务人员人际交往关系，这种关系由服务者与被服务者和服务环境三元素组成。其中，服务者是影响服务质量的最主动、最积极的因素，其能力和素质的高低对服务水平具有决定性的作用。具有良好的素质和能力的服务者可以在服务过程中营造令人愉快的氛围，使服务三元素之间的关系达到和谐统一，这种和谐统一的美就是优质服务。优质服务需要具有优秀个人素质和能力的服务人员，而素质是个人品格、性格、文化等相关因素的综合反映，其中品格是决定个人素质的关键因素。高速铁路客运服务人员应具有责任心、爱心、包容心、同情心和耐心等个人品格。

1. 责任心

责任心就是一个人自觉地把分内的事情做好。客运服务工作既是服务工作，也是安全工作；既关系到班组服务水平的高低，更关系旅客生命和国家财产安全。客运服务工作至关重要，需要高速铁路客运服务人员以高度的责任心认真对待。责任心是一名优秀高速铁路客运服务人员应该具备的最基本条件。同时，高速铁路客运服务的构成和高速铁路客运服务工作的特点也要求高速铁路客运服务人员必须具有高度的责任心。每个高速铁路客运服务人员要以高度的责任心自觉地履行自己的职责，做好分内的工作，高速铁路客运服务人员要相互配合，为优质服务打好基础。另外，服务工作灵活性较强的特点也决定了优秀的服务有赖于强烈的责任心。完成客运服务规定的程序只是高速铁路客运服务工作最基本的一步，真正优秀的服务需要高速铁路客运服务人员发挥主观能动性，竭力满足旅客的合理需求，甚至在旅客开口之前提供服务。要达到这样的标准，高速铁路客运服务人员没有高度的责任心是不可能实现的。

2. 爱 心

爱心首先是对高速铁路客运服务工作本身的热爱，看似轻松的客运服务工作，实际是非常劳累和枯燥的工作，如果没有建立对客运服务工作深刻理解基础上的热爱，就很难长久地保持对这份工作的激情。具体地说，对客运服务工作的热爱就是要甘于平凡、乐于助人，要能够从枯燥的工作中，认识到简单的动作对于千百万旅客生命和国家财产的重要性，从繁复累赘的客运服务中感受到人性的美好，从日复一日的迎来送往中体会到人与人之间的尊重，从而真正理解客运服务工作的意义。有了对客运服务工作的热爱，才能吸引高速铁路客运服务人员积极探索服务工作的有关技巧，激发工作热情，克服工作中的各种困难，对客运服务工作本身的热爱是高速铁路客运服务人员做好优质服务的原动力。

爱心是对旅客的友善，服务是人际交往，优质服务是愉快的人际交往，是美好情感在人与人之间的共鸣，而爱心是美好情感的基础。高速铁路客运服务人员作为"高速铁路客运服务"这种特殊人际交往过程的主体，把握着交往过程的主动权，而高速铁路客运服务人员用对旅客的爱心来营造优质服务的氛围非常重要，一个优秀的高速铁路客运服务人员，首先应该是一个与人为善、充满爱心的人，以爱心为基础的服务才是真诚的服务。没有真挚的爱心，只依靠技能、技巧来服务旅客的高速铁路客运服务人员，不可能成为一名优秀的高速铁路客运服务人员。

爱心应是对工作伙伴的体贴。高速铁路客运服务工作需要高速铁路客运服务人员相互配合，没有良好的合作就不可能有完美的服务。作为高速铁路客运服务人员，要相互关照、及时沟通、彼此谅解，要多替别人着想，尽量给他人提供方便。

3. 包容心

优秀的高速铁路客运服务人员往往是一个可以包容旅客或同事的"过失"的人，高速铁路客运服务人员和旅客的关系是一种特殊的人际关系。"旅客"作为普通受服务者，其言行遵守法律、法规便可，而我们的高速铁路客运服务人员除了必须遵守法律、法规之外，还要遵守铁路制度、职业操守、社会公德，甚至还要对旅客的感受负责，因此，这种人际关系没有"公平"可言。旅客作为相对的"自由人"，可以在法律、法规允许的范围内，在自己的道德认知水平上提出需求，宣泄个人的情绪。这些需求和情绪完全可能超出普通人的心理承受范围，给别人带来伤害。而高速铁路客运服务人员却必须包容这些一般人难以忍受的言行，要具有超过普通人对伤害的接受度，这就考验着高速铁路客运服务人员的包容心。

具有包容心是高速铁路客运服务人员的职业需要，同时也是高速铁路客运服务人员自我保护的需要。包容不是简单的忍受，而是理解、同情、练达、包涵。从事高速铁路客运服务工作，遭受旅客带来的"不公"是避免不了的事，我们必须包容这些"不公"，才不会给自己的身心造成伤害，才可以始终如一地坚持对这份工作的理解和热爱。包容心不仅可以化解高速铁路客运服务人员与旅客之间的不快，还能化解高速铁路客运服务人员工作和生活中的负面情绪，保持阳光心态，在任何时候都快乐而积极地为旅客服务。

4. 同情心

同情心就是当他人有困难或遭到不幸时，自己的内心世界产生的一种不好受、怜悯，进而想在道义上、方法上或物质上帮助他人解决困难的内心感受，是感人之所感，甚至是人与人之间的一种"心灵感应"。高速铁路客运服务工作面对的旅客来自天南海北，他们有着不同的背景和经历。当他们聚集在列车、车站等特殊的空间里，会有各种不同的心理感受。一般来说，前往陌生的异地乘坐高速铁路列车出行的旅客，希望得到高速铁路客运服务人员不动声色的及时指点，来化解紧张的情绪；生病的旅客需要特别的关照和问候来克服病痛和不安；无人陪伴独自出行旅客需要更多的陪伴来抵御陌生环境的孤独感；老年旅客需要及时的帮助，以避免手脚不便造成的困扰和尴尬。富有同情心的高速铁路客运服务人员能够从旅客的举止言行中敏锐地察觉到不同的旅客的困难和需求，及时提供细心的、周到的、有针对性的服务。富有同情心的高速铁路客运服务人员能够很好地展示优质服务的魅力，从而使服务工作达到令人"动心"的效果。

5. 耐　心

耐心是在工作中化解矛盾的一种重要素质。首先，优质服务是服务三元素共同营造的和谐统一的美好境界，在服务的三元素之中最难把握的就是服务对象——旅客的情绪和举动。要使旅客在旅行中愉快、自愿地配合我们的工作，需要我们不厌其烦地关心和满足他们的合理需求，及时化解出现的问题和矛盾，努力营造一种积极的氛围来感染旅客。尤其是在列车运行过程中，旅客情绪激动的情况下，更需要以极大的耐心来安慰或感动他们。

耐心也是使高速铁路客运服务人员把"职业要求"转化为"职业素质"的一种力量。从新入职的高速铁路客运服务人员到优秀的高速铁路客运服务人员，难免会有各种困难和阻力，需要客运服务人员保持足够的耐心，只有耐得住辛苦、委屈、压抑、枯燥和诱惑的人才能获得成功。所以，要想成为一名优秀的高速铁路客运服务人员，就必须在日常的工作、生活和学习中持之以恒地磨炼自己，反复地总结、思考，坚持不懈地努力。

三、高速铁路客运服务人员服务沟通基本技能

（一）建立良好的信任关系

高速铁路客运服务的目的是帮助旅客顺利出行并抵达目的地，服务人员与旅客建立良好关系是实现这一目的的重要基础。大多数情形下，旅客的不满其实是有关服务人员处理事情的方法与旅客的消费权益相互抵触引发的。心理学研究表明，一个人的情绪反应和他对突发事件的理解与判断有关。旅客主要通过铁路企业发布的信息来理解和判断事件的真实情况以及个人的处境。如果工作人员发布的信息、表现的行为和周遭的氛围都是很正面且积极的，旅客就会信任铁路企业，比较愿意合作和接受有关服务安排。所以，铁路企业在第一时间取得旅客的信任就显得尤为重要。

（二）倾听与分享

1. 倾听的概念

倾听，属于有效沟通的重要组成部分，倾听的作用是求得思想达成一致和感情的通畅。狭义的倾听是指凭借听觉器官接受言语信息，进而通过思维活动达到认知、理解的全过程；广义的倾听包括文字交流等方式。倾听的主体是听者，而倾诉的主体是诉说者。两者"一唱一和"有排解矛盾或者宣泄感情等作用。倾听者作为真挚的朋友或者辅导者，要虚心、善意地为诉说者排忧解难。

倾听不是简单地用耳朵来听，它也是一门艺术。倾听不仅要用耳朵来听说话者的言辞，还需要全身心地去感受对方在谈话过程中表达的语言信息和非语言信息。

倾听是高速铁路客运服务人员在客运服务工作中，与旅客进行有效人际沟通的前提，是高速铁路客运服务人员接收旅客口头语言信息、确定旅客讲话的含义以做出正确反应的过程。

2. 高速铁路客运服务人员倾听的意识及培养

（1）高速铁路客运服务人员倾听的类型。

按照倾听的目的，高速铁路客运服务人员倾听分为：获取有效信息式倾听、质疑式倾听、移情式倾听、享乐式倾听。所谓移情式倾听是在倾听中设法从旅客的观点来理解他们的感受，并把这些情感反馈回去。

按照倾听的专心程度，高速铁路客运服务人员倾听分为：投入型倾听、字面理解型倾听、随意型倾听、假专心型倾听、心不在焉型倾听。假专心型的倾听者在沟通过程中不做任何努力，因此所获得的信息毫无价值，不能解决旅客提出的问题，也无法满足旅客的诉求。

人们在听别人说话时，注意的程度由浅到深可以分为六个层次，以此为据，我们把高速铁路客运服务人员倾听分为以下六个层次。

第一层：心不在焉。知道对方在说话，耳朵也听见了声音，但陷入自己的想象或情绪中，眼神凝滞。第二层：随口应答。条件反射式的随声附和。第三层：记住"尾巴"。如果说话者反问："你听清我刚才说什么了吗？"听者会重复最末尾的几个字。第四层：能够回答问题。已听进大脑，记住了内容，被提问能回忆起来。第五层：能对其他人讲。当我们不放心对方是否记得自己交代的重要信息时，可以让对方重复一遍，或让他说给周围的人听。第六层：

能教别人。当我们要学习某项知识信息时，把自己看成是老师而不是学生，就会以最积极的姿态去听，效果也最好。

（2）高速铁路客运服务人员倾听的过程。

高速铁路客运服务人员倾听是一个在客运服务工作中的能动性的过程，是高速铁路客运服务人员在客运服务工作中对感知到的信息经过加工处理后反映自己思想的过程，高速铁路客运服务人员倾听的过程大致可分为准确感知、正确选择、有序组织、合理解释或理解四个阶段。这四个阶段相互联系、相互影响，任何一个阶段出现问题，高速铁路客运服务人员的倾听都可能是无效的。作为高速铁路客运服务人员（信息接受者）要注意仔细地聆听，倾听是一种完整地获取有效信息的方法。倾听包含了四层意思，即听到、注意、理解、记住，高速铁路客运服务人员倾听的过程包括接收旅客发出的信息、选择性地注意、赋予信息正确的含义、记忆信息。

① 在与旅客沟通时不要急于表达自己的意见，要礼貌地请旅客先发表意见。以身体稍稍倾斜面向旅客的姿态，来表示你在尊重并聆听旅客讲话。

② 高速铁路客运服务人员要暂时放弃自己的好恶，尽量"放空"自己，才能听进旅客的话。不要轻易打断旅客的话，要让旅客把事情叙述完整，感情表达清楚，不满发泄出来。在倾听过程中，用简单的肢体语言（微笑、点头）来表示你紧跟着旅客的思路。

③ 在倾听后不要急于否定旅客，不要匆忙下任何结论，匆忙下结论的做法是非常危险的，有时候会制造误会，要给予自己时间去思考和判断。

3. 高速铁路客运服务人员倾听的障碍及克服对策

（1）高速铁路客运服务人员倾听的障碍。

① 高速铁路客运服务人员因语言因素引起的障碍。

人们的思维远比讲话的速度快。讲话的低速度和思维的高速度之间的差异给不熟练倾听者带来麻烦。当讲话者缓慢地叙述着，听讲者的思绪可能走向不同的方向。例如，开始考虑家庭、好友及个人问题等，而不再注意讲话的内容。

② 旅客（作为倾听者）引起的障碍。

旅客体质不佳，身体障碍，如疲惫、疾病会影响有效倾听。上午 7:30—10:30 是人在一天中精力最旺盛的阶段，11:00 至下午 1:00 左右，人的精力处于低谷，人在下午时段的精力平均水平不如在上午时段的精力平均水平高。一般来讲，在精力低潮阶段，疲劳会影响有效倾听。除了疲劳，疾病也会减弱一个人的倾听能力。当一个人患重感冒就很难成为专注的倾听者，也就是说，任何疾病或身体不适都会作为内在干扰而影响倾听。

③ 感情过滤引起的障碍。

每个人都会选择自己喜欢听的来听，可以说，在倾听过程中，情感起到了听觉过滤的作用，有时它会导致盲目，而有时它排除了所有的障碍。

④ 心理定式引起的障碍。

心理定式引起的障碍主要包括偏见、思想僵化、缺乏信任。

⑤ 性别差异引起的障碍。

男性和女性倾听的态度和方式是不同的。男性和女性在交谈时，双方必须了解这种差异所造成的障碍。

⑥ 外部因素引起的障碍。

外部因素大致有以下几个方面：喧闹声、手机铃声、意外事件、交谈环境、说话者的谈吐举止、说话者的发音特点等。

（2）克服倾听障碍的对策。

创造良好的倾听环境，如适宜的时间、适当的地点、平等的氛围等；提高倾听者的倾听技能，如完整、准确地接收信息，正确地理解信息，适时、适度地提问，及时给予反馈，防止分散注意力等；改善讲话者的讲话技巧。

4. 高速铁路客运服务人员分享沟通

分享是指与他人一同享受、使用、行使，这种共享可以是精神上的，也可以是物质上的。如让他人分享自己的喜悦，让别人也感觉到自己的感受，或者同别人述说自己的感受。

高速铁路客运服务人员分享是指在客运服务工作中，在与旅客有效沟通的基础上享受彼此的欢乐，分担彼此的烦恼，在处理高速铁路客运服务工作中的问题或矛盾时进行情感上的沟通，达成共识，共享精神上的愉悦。

分享更多的是跟沟通者一起描绘一个美好的未来。分享的目的其实是让高速铁路客运服务人员知而后行，有针对性的分享是提高工作效率的有效手段。

（三）口语沟通技能

1. 口语沟通的含义

口语沟通技能是指借助于口头语言实现的沟通。通常提及口语沟通时，一般都是指面对面的沟通，而通过广播、电视等实现的口语沟通通常称作大众沟通或大众传播。

口语沟通是日常生活中最常见的沟通方式。交谈、讨论、开会、讲课等都属于口语沟通。口语沟通是保持整体信息交流的最好的沟通方式。在沟通过程中，除了语词之外，其他许多非语词性的表情、动作、姿势等，都会对沟通的效果起积极的促进作用。并且，口语沟通可以及时得到反馈并据此对沟通过程进行调节。口语沟通中，沟通者之间相互作用，因而沟通的影响力也大。

2. 高速铁路客运服务人员口语沟通的种类

高速铁路客运服务人员口语沟通是指高速铁路客运服务人员通过口头言语形式与旅客进行信息交流（即高速铁路客运服务人员在客运服务工作中与旅客之间的口头语言交谈）。

（1）交谈。

交谈是高速铁路客运服务人员口头表达活动中最常用的一种方式。高速铁路客运服务人员在乘务工作中需要与旅客进行口语沟通，这是不可缺少的一项语言活动。交谈是以两个人或几个人之间的谈话为基本形式，进行面对面的学习讨论、沟通信息、交流思想、谈心聊天的言语活动。高速铁路客运服务工作中需解决问题时，通常与旅客之间以对话为基本沟通形态。

交谈是一门艺术，与人进行一次成功的谈话，不仅能获得知识、信息的收益，而且感情上也会得到很多补偿，会感到一种莫大的享受。交谈是建立良好人际关系的途径，是连接人与人之间思想感情的桥梁，是增进友谊、加强团结的一种动力。交谈不仅是人们交流思想的重要手段，而且是人们学习知识、增长才干的重要途径。善于同有思想、有修养的人交谈，就能学到很多有用的知识，"听君一席话，胜读十年书"就是对交谈意义深刻的总结。按照性质和目的的不同，可以将交谈划分为聊天、谈天、问答和洽谈四种类型。

（2）发言。

高速铁路客运服务工作中的发言不是事先准备好的发言，而是受到某些事物的刺激或在谈话时联想和诱发出来的，这种发言是临时性的发言。发言首先要注意观察周围事物的变化，在认真听取别人发言的基础上，有言可发；其次，要思维敏捷，善于进行逻辑归纳和综合，通过对方的发言，迅速形成体现自己思想脉络的发言提纲；最后，要有广博的知识，丰富的材料。

（3）演讲。

演讲又叫讲演或演说，是指在公众场所以有声语言为主要手段，以体态语言为辅助手段，针对某个具体问题，鲜明、完整地发表自己的见解和主张，阐明事理或抒发情感，进行宣传鼓动的一种语言交际活动。根据演讲的目的，可以将演讲分成劝导型、告知型、交流型、比较型、分析型、激励型，也可以分为凭记忆讲、有准备的脱稿讲和照稿宣读等。

3. 口语沟通的基本要求

（1）说对方想听的。

首先弄清楚对方想听什么，积极探询说者想说什么。其次以对方感兴趣的方式表达，用对方乐意接受的方式去倾听，然后控制情绪，积极、适时回应与反馈，确认理解，听完复述或澄清。

（2）懂得理解和尊重对方。

理解是交际的基础，尊重对方就要尊重对方的意见，在和对方沟通的过程中要善于听取对方的意见；理解和尊重对方，就要站在对方的角度和立场看问题或体会对方的感受。

（3）找到与对方的"共鸣"。

每个人的性情和志趣都存在着很大的不同，但也有共同之处。能否跟对方很好地沟通，很大程度取决于能否找到与对方的共鸣点。

（4）避免争论和批评对方。

很多人喜欢争论，对一个问题或观点争得面红耳赤，大有针尖对麦芒之势。善意的批评，一般人都能够接受，但绝大多数人还是比较喜欢听好听的话。因此在没有完全了解对方的性格特点之前，最好不要对对方进行批评，以免沟通不欢而散。

（5）尽量把说话的权利让给对方。

一个人的言语实际上就是他行为的影子。社会交际中，不说话不行，乱说话也不行。因此，要说自己有把握的话，说温暖的话，说衷心的话，说能替人排忧解难的话。总之，一定要说恰当的话。

4. 高速铁路客运服务人员口语沟通的基本技能

高速铁路客运服务人员与旅客进行语言交流时，应注意掌握好语音、语调、语速，选词要恰当，用语要得体。在提供客运服务时，要求用普通话与旅客进行交流，针对不同的旅客还可以使用方言、手语、外语。高速铁路客运服务人员在客运服务工作中，语言的表达是十分重要的。客运服务过程中的语言运用多以声音语言为主,体态语言为辅。语言的使用也要讲究艺术。高速铁路客运服务人员在与旅客口头沟通时,一定要把握基本技能。

(1)态度诚恳、亲切有礼。

高速铁路客运服务人员在与旅客交谈时,首先要把握"以旅客为中心"的原则,不要在谈话中多次使用"我"这类人称,以免突出了自己,忽略了旅客。态度诚恳,要"以情动人",虚情假意的语言同样会让人感觉不舒服。与旅客交谈时还要注意使用礼貌用语,如用"请""谢谢""对不起""打扰了"等礼貌用语。

(2)用词恰当灵活。

交谈时,高速铁路客运服务人员的用词也需要考究。在为旅客服务的同时,要避免交谈中出现令人感到尴尬的字词,机智灵活,话要想好后再说。面对不同层次的旅客,服务语言也要有所不同,用词选字要根据旅客的接受能力来确定。保证说出来的话能够通俗易懂,不要让旅客觉得"不知所云"。

(3)体态语谦逊亲和。

体态语是声音语言的辅助表达工具,能够帮助人们更好地传递情感信息。高速铁路客运服务人员在与旅客交谈时,表情是很重要的。从高速铁路客运服务人员与旅客谈话时的表情和举止中,旅客可以得到是否被友好对待的信息。谦虚、善意的体态语会让旅客感觉受到尊重,和蔼可亲的体态语让旅客有回家的感觉。

(4)声音温柔动听。

高速铁路客运服务人员作为服务工作者,说话发音要准确,吐字要清晰、自然,声音要温柔、大方。语调的抑扬顿挫可以让旅客感觉到高速铁路客运服务人员的感情,动听的声音可以增加一定的魅力。高速铁路客运服务人员的声音应根据自身条件的不同来寻找适合自己的语调和音量。

(四)身体语言沟通技能

身体语言在人际沟通中有着口头语言所不能替代的作用。身体语言是指非语词性的身体信号,身体语言沟通就是通过动态无声的目光、表情、手势语言等身体运动,或者静态无声的身体姿势、空间距离及衣着打扮等形式来实现沟通。诸如鼓掌表示兴奋,顿足表示生气,搓手表示焦虑,摊手表示无奈。我们在与人交流沟通时,即使不说话,也可以凭借对方的身体语言来探索他内心的秘密,对方也同样可以通过身体语言了解到我们的真实想法。

1. 身体语言的象征意义

(1)目光。

眼睛是心灵的窗户,是透露一个人心灵最好的途径。喜怒哀乐都可以从一个人的眼神中流露出来。心理学家发现目光接触是最为重要的身体语言沟通方式。许多其他身体语言沟通常常直接与目光接触有关。如果在沟通中缺乏目光接触的支持,那沟通就会变成一个高度困难的过程。看不到对方的眼睛,就无法了解对方说话时处于怎样的状态,也难以确认对方对自己的谈话究竟有怎样的反应。

(2)表情。

表情一般指面部表情。与目光一样,表情可以有效地表现肯定与否定、接纳与拒绝、积极与消极、强烈与轻微等各种难度的情感。由于表情可以随意控制、迅速变化，而且表情的变化容易觉察，因而它是十分有效的身体语言途径。人们可以通过表情来表达各种情感，也可以通过表情表达自己对别人的兴趣，可以通过表情显示对一件事情的理解状态，也可以经由表情表达自己的明确判断。在人们的沟通过程中，表情是人们运用最多的身体语言之一。

（3）身体动作。

身体动作是最容易被觉察的一种身体语言，因而身体的动作更容易引起人们的注意。身体动作与语言沟通的关系非常密切。一般低头表示陈述句的结束，抬头表示问句的结束，而较大幅度的体态改变表示相互关系的结束，表示思维过程或较长的表达的结束。如果体态的改变到了不再正视对方的地步，则表示不愿再交谈下去，想把注意力转移到其他对象上去。

2. 高速铁路客运服务中的身体语言沟通技巧

真正将身体语言有效地运用到为旅客服务中去不是一件容易的事，难点有二：一是理解旅客的身体语言；二是恰当使用自己的身体语言。理解别人的身体语言必须注意以下几个问题：同样的身体语言在不同性格的人身上意义可能不同；同样的身体语言在不同情境中意义也可能不同。恰当地使用自己的身体语言，应做到以下几点：经常自省自己的身体语言；有意识地运用身体语言；注意身体语言的使用情境；注意自己的角色与身体语言相称；注意言行一致；改掉不良的身体语言习惯。自省的目的是检验我们自己以往使用身体语言是否有效，是否自然，是否使人产生误解。了解这些，有助于我们随时对自己的身体语言进行调节，使其有效地为我们的日常交往和旅客服务。

（1）目光沟通技巧。

高速铁路客运服务人员在与旅客的沟通中要进行正常、自然的目光接触。在为对方服务时，眼睛不可走神，也不要将视线放在对方的胸线以下，不要老盯住旅客上下打量，更不能注意或久视旅客的生理缺陷，否则会让旅客感到服务人员对其不感兴趣、不尊重，或让旅客产生紧张、压迫感，甚至感到难堪、窘迫或尴尬。另外也不要乱用眼神，比如对异性挤眼、瞪大眼睛等。

（2）表情沟通技巧。

在高速铁路客运服务中，最好的表情沟通技巧就是微笑。当旅客走来时，应该抛开一切杂念，把精神集中在旅客身上，并真诚地向他们微笑，仅仅靠面部肌肉的堆积是不够的，还要用微笑传递这份真诚，高速铁路客运服务应思旅客之所思，想旅客之所想，站在他们的角度体会、思考服务中的问题和不足，学会体谅旅客、感激旅客，一切为旅客着想，洞察先机；将最优质的服务呈现在旅客面前。

（3）身体动作沟通技巧。

身体动作沟通技巧主要指恰当使用手、肩、臂、腰、腹、背、腿、足等动作。在人际交往中，最常用且较为典型的身体语言为手势语和姿态语。手势语可以表达友好、祝贺、欢迎、惜别、不同意、为难等多种语义。例如，高速铁路客运服务人员在与旅客沟通过程中要能规范地使用不同弯腰度数的鞠躬礼表达欢迎或歉意，为旅客指示方向要使用标准的引导手势以示尊敬。当旅客咨询或提出问题时要微微点头表明自己在认真倾听，显示对旅客的尊重与理解。

神态语言沟通技巧如图 2-2-2 所示。

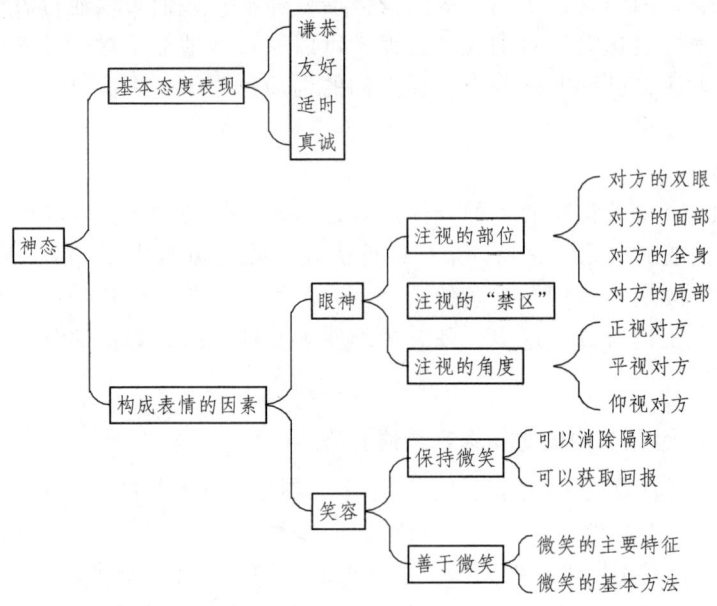

图 2-2-2 神态语言沟通技巧

四、高速铁路客运服务书面沟通能力

书面沟通主要是以文字为媒介的信息传递形式，主要包括文件、报告、信件、书面合同等。书面沟通是一种比较经济、正式的沟通方式，沟通的时间一般不长，沟通成本也比较低。书面沟通方式一般不受场地的限制，因此被我们广泛采用。

高速铁路客运服务人员书面沟通是指以文字为载体，以相关工作为内容，与旅客、领导（列车长等）和工作伙伴进行信息传递的形式。

（一）高速铁路客运服务人员书面沟通的重要性

铁路部门离不开书面沟通，不管是内部沟通还是外部沟通，书面沟通都起着举足轻重的作用，其有利于实现组织的战略目标。在铁路企业内部，相关规章制度的制定，岗位工作职责的编写，以及年度计划、年度总结、工作要点、各类工作流程、各种单据等书面沟通形式在管理沟通中占了很大的比重，书面沟通成为铁路内部沟通的主要形式之一。书面沟通在公关宣传、公告旅行事项、发布列车晚点信息等外部沟通方面发挥着正式、权威的特殊作用。高速铁路客运服务人员应熟练掌握书面沟通能力，在客运服务工作中合理运用，这对树立良好的铁路形象，提高客运服务质量至关重要。

（二）书面沟通的种类

1. 按主体与客体分类

按主体与客体，书面沟通分为写作、阅读。写作是运用语言文字符号反映客观事物、表达思想感情、传递知识信息的创造性脑力劳动过程。在沟通过程中，只有读懂对方的文字，才能在获取信息的基础上利用想象、记忆力等功能正确接收信息发送者的信息，并予以反馈。

2. 按文体分类

按文体书面沟通分为以下几类。

（1）行政公文。

党政机关行政公文包括决议、决定、命令、公报、公告、通告、意见、通知、通报、报告、请示、批复、议案、函和纪要。

（2）计划类文书。

计划类文书是经济活动中使用范围很广的重要文体形式，主要包括工作计划、战略规划、工作方案、工作安排等。

（3）报告类文书。

报告类文书包括调查报告、经济活动分析报告、可行性研究报告、纳税查账报告、述职报告等。

（4）法律性文书。

法律性文书包括合同书、协议书、诉讼书、招标书、投标书等。

（5）新闻性文书。

新闻性文书包括新闻、消息等。

（6）日常事务类文书。

日常事务类文书包括信函类文书和条据类文书。信函类文书包括感谢信、慰问信、求职信、介绍信、证明信、请柬、邀请函等；条据类文书包括请假条、留言条、收条、票据等。

（三）高速铁路客运服务人员书面沟通的写作过程

高速铁路客运服务人员书面沟通的写作过程与普通写作、应用文写作基本一样，也包括三个环节，即"写前构思—执笔行文—修改完善"。

1. 写前构思

（1）明确主旨。

遵循国家大政方针，符合法律法规；揭示事物本质，反映客观规律；立足工作实际，体现时代精神。

（2）精选材料。

主旨明确之后，就要选择真实、典型、新颖的材料来表现它。

（3）选择文种。

书面沟通所用的文种种类较多，要根据主旨选择恰当的文种。

2. 执笔行文

安排好结构，选择好文种，接下来就要执笔写出初稿。

3. 修改完善

修改是深化作者认识、提高文章质量的最后环节。通过修改，可使文章进一步完善。

任务训练

实训项目	高速铁路客运服务沟通基本技能训练
实训目标	1. 使学生结合实际，加深对高速铁路客运服务沟通基本技能的认识与理解 2. 培养学生高速铁路客运服务沟通基本技能学习的兴趣
实训内容及组织	由教师组织，学生自愿组成小组，每组 6~8 人，选择以下题目进行高速铁路客运服务沟通基本技能训练。 1. 高速铁路客运服务倾听与分享沟通技巧。 2. 高速铁路客运服务口语沟通技巧。 3. 高速铁路客运服务身体语言沟通技巧。
实训考核	1. 每组提交一份分析报告。 2. 各组进行汇报。 3. 教师根据各组的分析报告与课堂汇报进行评估。

任务三　高速铁路客运服务人员自我沟通

思政素质目标

具有良好的职业道德和职业素养；崇德向善、诚实守信、爱岗敬业，具有精益求精的工匠精神。

职业目标

能够自我认知、自我情绪管理、自我纾解压力。

知识目标

了解自我沟通的方法、作用和过程。

相关知识

自我即一个人对自身存在的体验，一个人通过经验、反省和他人的反馈，逐步加深对自身的了解。自我概念是一个有机的认知体系，由态度、情感、信仰和价值观等组成，贯穿于经验和行动之中，并把个体表现出来的各种特定习惯、能力、思想、观点等组织起来。

一、自我沟通的概念和作用

（一）自我沟通的概念

自我沟通也称内向沟通，即信息发送者和信息接受者为同一个行为主体，自行发出信息，自行传递信息，自我接收和理解信息。

（二）自我沟通的作用

自我沟通是一切沟通的基石，现代社会快速的生活节奏让很多人每天都忙于和客户沟通、和同事沟通，闲暇时间则忙着陪伴家人，可能鲜有自我沟通的时间。"知人者智，自知者明"，只有自我沟通顺畅，才能真正做到人生的豁达，也才能真正和他人和谐相处。

（1）要说服他人，首先要说服自己。内心真正认同当下所为的积极意义与价值，方能心甘情愿地自觉为之。

（2）自我沟通技能的进一步开发与提升是成功职场人士的基本素质。

（3）以内在沟通解决外在问题。自我沟通是内在和外在得到统一的联结点。在工作和生活中重视自我沟通的价值，更好地进行自我沟通，我们的生活品质在很大程度上取决于我们的沟通能力，良好的自我沟通能力有助于我们掌控自己的情绪和心态，积极的心态能够影响行动，有效行动可以改变我们的命运。掌控自己的命运，获得成功的人生，必须从自我沟通开始。遇到困境，要学会自我沟通，尽快排解自己消极、负面的情绪。

二、自我沟通的特点

自我沟通的过程与一般人际沟通具有相似性，但在具体要素和程序上有其自身的特点。

1. 主体和客体同一性

自我沟通中的"我"同时承担信息编码和解码功能。

2. 自我沟通的目的是说服自己

自我沟通经常在自我原本认知和现实外部需求出现冲突时发生。

3. 沟通过程连续

自我沟通时，信息输出、接受、反应和反馈几乎同时进行，也同时结束，这些基本活动之间没有明显的时间分隔。

4. 沟通媒体来自"我"本身

自我沟通渠道可以是语言、文字，也可以是自我心理暗示。

三、高速铁路客运服务人员自我沟通的方法和能力

高速铁路客运服务人员的自我沟通是指高速铁路客运服务人员在服务工作中面向自己的沟通，是个人在客运服务过程中接受外部信息并在自身内部传递、理解、处理信息活动的过程。自我沟通实现了"主我"和"客我"之间的信息交流。自我沟通是其他一切沟通的基础。自我沟通能力也是高速铁路客运服务人员的一项必备能力。

（一）高速铁路客运服务人员自我沟通的方法

在实际的客运服务工作中，高速铁路客运服务人员自我沟通的方法主要有受众法、信息法、媒体法等。

1. 受众法

受众法就是高速铁路客运服务人员进行自我认知。

2. 信息法

信息法就是通过相关学习，寻找各种依据和道理对自我进行说服。这种信息可能来自自身的思考，也可能来自他人（有丰富高速铁路客运服务经验的人）的传授和从书本中学来的知识。

3. 媒体法

媒体法是指每个个体（高速铁路客运服务人员）根据自己的特点选择相应的沟通渠道。例如，有的人通过写日记的方式表达自己的感情；有的人通过冥思苦想的方式来排解情绪；有的人借助书中的人物来发泄自己的矛盾心态，这些都是不同个体进行自我沟通的渠道和方法。

高速铁路客运服务人员应根据个体的心理、生理特点，以及所处的高速铁路客运服务工作环境，选择最佳的沟通方式。

（二）高速铁路客运服务人员自我沟通能力

高速铁路客运服务人员自我沟通能力的好坏，直接影响高速铁路客运服务工作的质量，良好的自我沟通能让自我满意、领导满意、旅客满意。

1. 自我认知

（1）自我认知的概念。

自我认知指的是对自己的洞察和理解，包括自我觉察和自我评价。自我觉察是指对自己的思维和意向等方面的觉察；自我评价是指对自己的想法、期望、行为及人格特征的判断与评估。自我认知是自我调节的重要条件。

个体对自我的觉察，或者说意识的形成，是来源于个体被外界环境刺激后，经由记忆和思想产生的反应，因此，在形成记忆之前，个体是不会有自我意识的。如果说记忆是一切思想的基础，那自我认识就是个人对环境的反应。当一个人的记忆和思想达到一定程度后，比如出现了完全来自大脑的思维和想象力，个体的自我意识会更加强烈。我存在、我需要、我想要的想法，不断地通过思维和想象力，加强个体对自我的认知。

个体对于自我的存在、行为和心理的认知会有一个发展的过程，刚开始是比较模糊的，只有经过不断的试错，以及学习和思考后，对于自我肌体的存在感才会渐渐成熟，随后才会对各种行为进行有意识的区分，得出哪些行为是危险的，哪些行为是安全的结论，再决定是否要实施。在这一系列行为之后才会产生对自我心理的认知。一般来说，一个人的思维和想象力达到一定程度后才能具备察觉自我心理变化的能力。个体开始区分个人肌体行为和心理行为的差异是自我心理认知的开始。

（2）自我认知的作用。

自我认知是一种比较高级的认知能力。对于受教育程度低，或者智力水平低的人而言，也许终身也不具备自我认知的能力，有些人能够准确地运用自我认知能力。心理认知一般来

说是一个无限的过程，因为心理活动本身是无限的，它会跟随个人经历和记忆，以及思想和想象力的发展而不断地发展。出现和前一阶段不同的心理活动后，个体对自我的心理认知常常会有一个总结和重新调整的过程。

自我认知的超越状态在于个体认识到自己整个思维和记忆的状况，并能够对自己的心理活动进行控制，从而达到一种忘我的境地或者无我的境地。在这一状态中，这个自我已经认识到我是谁，我和我的思想、记忆的关系。于是这个自我很可能被抛弃或者被摆放到一个特定的位置或空间，可以全面观察自己的心理状态和整个自我的运作情况并有控制能力。从觉察自我，了解自我的性质和运作方式，到抛弃自我以达到无我，是一个超越的过程。生命体的死亡则是自我认知的停止。

如果一个人不能正确地认识自我，看不到自我的优点，觉得处处不如别人，就会产生自卑心理，丧失信心，做事畏缩不前；相反，如果一个人过高地估计自己，也会骄傲自大、盲目乐观，导致工作的失误。因此，恰当地认识自己能够克服这些不切实际的想法，在生活中找到适合自己的位置。

自我认知的核心是自我意识，或叫自我，是个体对自己存在的觉察，包括对自己的行为和心理状态的认知。

（3）自我意识。

自我意识是对自己身心活动的觉察，具体包括认识自己的生理状况（如身高、体重、体态等）、心理特征（如兴趣、能力、气质、性格等），以及自己与他人的关系（如自己与周围人们相处的关系，自己在集体中的位置与作用等）。广义的自我意识指人对自己的属性、状态、行为、意识活动的认识和体验，以及对自身的情感和行为进行调节、控制的过程。

自我意识是一个人对自己的认识和评价，包括对自己心理倾向、个性心理特征和心理过程的认识与评价。正是由于人具有自我意识，才能使人对自己的思想和行为进行自我控制和调节，使自己形成完整的个性。

自我意识是人对自己身心状态及对自己同客观世界的关系的意识。自我意识包括三个层次：对自己及其状态的认识；对自己肢体活动状态的认识；对自己思维、情感、意志等心理活动的认识。自我意识不仅是人脑对主体自身的意识与反映，而且人的发展离不开周围环境，特别是人与人之间关系的制约和影响，所以自我意识也反映人与周围现实之间的关系。自我意识是人类特有的反映形式，是人的心理区别于动物心理的一大特征。

自我意识在个体发展中有十分重要的作用。首先，自我意识是认识外界客观事物的条件。一个人如果无法认识自己，也无法把自己与周围相区别时，他就不可能认识外界的客观事物。其次，自我意识是人具有自觉性、自控力的前提，其对自我教育有推动作用。人只有意识到自己是谁，应该做什么的时候，才会自觉、自律地去行动。一个人意识到自己的长处和不足，就有助于他发扬优点，克服缺点，取得积极的自我教育效果。最后，自我意识是改造自身主观因素的途径，它使人能不断地自我监督、自我修炼、自我完善。

2. 高速铁路客运服务人员自我认知能力提升

高速铁路客运服务人员的工作对象是旅客，在客运服务工作中要处理各种涉及旅客的事务，要明确自己的角色定位，培养自我认知意识，在工作中加强自我建设。

高速铁路客运服务人员自我认知是指高速铁路客运服务人员对自己的洞察和理解，也就是高速铁路客运服务人员在客运服务工作中的自我觉察,在处理相关问题、事件中对自我行为和心理状态的了解。高速铁路客运服务人员正确认识自我,实事求是地评价自己,是自我调节和人格完善的重要前提,也是做好客运服务工作的重要前提。

(1)分析自己身边的机遇。

思考自己所处班组的环境或者自己所处的乘务服务岗位是什么情况,比如说自己所在铁路局集团有限公司的企业文化非常鼓励个人创新;比如说乘务组未来可能会存在自己所追求的职位空缺;比如说乘务组至今仍有很多未能解决的问题,而自己要努力将其解决。这些都是你身边的机遇,千万要记住你身边的机遇在很大程度上会决定你在这个乘务组能"走多远"。

(2)分析自己的劣势。

用一张纸清晰地列出自己的不足之处,记住如实描述,不要自己骗自己,比如说执行力不够且爱拖延、口才不好、容易情绪化。清楚地认识自己的劣势,才能着手改进。

(3)制定具体的行动计划。

进行了自我分析之后,就应该制定具体的改进措施,特别是针对自己的不足,一定要抓紧时间弥补。机会说不定哪天就会降临在自己身上,千万不要因为自己存在某个劣势,而与机会擦肩而过。

3. 高速铁路客运服务人员自我认知

每一位高速铁路客运服务人员都希望通过对自己的深入了解,在心理素质和言行举止方面得到进一步的提升和改善,使自己的客运服务工作质量得到进一步提升。

个人的成长离不开集体,自我的人生价值主要在于对社会的贡献。人总是在不断地发展变化的,因此,我们需要不断更新、不断完善对自己的认识,这样才能使自己变得更好和更完美。而要正确认识自己,我们就必须用全面的、发展的眼光看待自己。

(三)高速铁路客运服务人员自我情绪管理

1. 情 绪

情绪是指个体对外界刺激的主观的有意识的体验和感受,具有心理和生理反应的特征。

情绪是身体对行为成功的可能性乃至必然性在生理反应上的评价和体验,包括喜、怒、忧、思、悲、恐、惊七种。行为在身体动作上表现得越强就说明其情绪越强,如喜是手舞足蹈、怒是咬牙切齿、忧是茶饭不思、悲是痛心疾首等。

2. 情绪管理

情绪管理是指用正确的方式探索自己的情绪,然后调整自己的情绪、理解自己的情绪并放松自己的情绪。

情绪无好坏之分,一般只划分为积极情绪、消极情绪。由情绪引发的行为则有好坏之分,行为的后果有好坏之分。情绪的管理不是要去除或压制情绪,而是在觉察情绪后,调整情绪的表达方式。情绪固然有正面和负面,但真正的关键不在于情绪本身,而是情绪的表达方式。以适当的方式在适当的情境表达适当的情绪,就是健康情绪的管理之道。

3. 情绪管理技巧

（1）体察自己的情绪。

时时提醒自己注意："我现在的情绪是什么？"人一定会有情绪，压抑情绪反而带来更不好的结果，学着体察自己的情绪，是情绪管理的第一步。

（2）适当表达自己的情绪。

高速铁路客运服务人员在和旅客沟通的过程中，宜表达积极的情绪，以保持良好的工作状态，切忌表达负面情绪，给工作增添不必要的麻烦。如何"适当表达"情绪，是一门艺术，需要用心地体会、揣摩，更重要的是，要确实用在生活、工作中。

（3）以适宜的方式纾解情绪。

高速铁路客运服务人员工作压力比较大，要选择适宜的方式纾解自己的情绪。纾解情绪的目的在于给自己一个理清想法的机会，让自己好过一点，也让自己更有能量去面对未来。有了不舒服的感觉，要勇敢地面对，仔细想想，为什么这么难过、生气？我可以怎么做，将来才不会再重蹈覆辙？怎么做可以减少我的不愉快？这么做会不会带来更大的伤害？根据这几个角度去选择适合自己且能有效纾解情绪的方式，就能够控制情绪，而不是让情绪来控制自己。

（四）高速铁路客运服务人员压力缓解

1. 压力

压力是指压力源和压力反应共同构成的一种认知和行为体验的过程。压力的起因是内心冲突，其间伴随着强烈的情绪体验。

我们生活在充满矛盾的世界里，随时都会面对各种各样的、互不相容的、互相排斥的甚至针锋相对的事物，这些在我们内心会形成动机冲突、目的冲突，从而左右为难、无所适从、无法选择。这时候个体便会体验到苦恼和焦躁不安，即体验着压力。

面对压力，有的人被压力击垮、一蹶不振，而有的人过得更有意义、更有效率。这其中的奥妙就在于，前者消极面对压力，而后者却对压力进行有效的运用，在面对困难时，能够自我控制、有条不紊、因势利导。缓解压力首先需要做到认识压力的来源，然后做到与压力和平共处，迎接压力，努力解决问题。

2. 高速铁路客运服务人员的压力源

（1）班制压力。

高速铁路客运服务人员根据工作量需求，班制分为夜班和阶梯倒班，导致不能和家人一起正常休息。

（2）客户的责骂压力。

面对客户咄咄逼人的态度，不知道如何处理。客户的情绪发泄也是高速铁路客运服务人员压力的来源。

（3）加班压力。

高速铁路客运服务人员面对客流高峰时，需要经常加班，不仅有体力方面的疲劳，精神上也不能得到放松，员工利用率过高往往带来很大压力。

（4）业绩、质检压力。

工作指标完成情况、质检合格率、一次问题解决率、满意率等众多指标也是高速铁路客运服务人员压力的来源。

（5）业务考核压力。

每次的业务考核、技术比武，也会给高速铁路客运服务人员带来压力。

3. 压力下的自我调整

高速铁路客运服务人员每天的工作量是极大的，本着"服务为本，客户至上"的宗旨为旅客服务，却并不能每次都得到旅客的理解。有许多旅客因为各种各样的原因说话不太礼貌，有的甚至是口出恶言、肆意谩骂。遇到这样的旅客，高速铁路客运服务人员的情绪会变得低落，有怨气、委屈。如果这些不良的情绪调节不好，会影响到高速铁路客运服务人员的身心健康、工作及生活。

高速铁路客运服务人员一定要学会调节自己的心理压力，管理好自己的情绪，保证正常的工作及维护自己的身心健康。压力调节的方法很多，下面介绍几种常用的方法。

（1）学习训练法。

许多新上岗的员工，对自己缺乏信心，遇到旅客询问时容易紧张和不安。避免这些紧张和不安的最好办法就是通过训练、演习，调节自己的情绪。上岗之前自己在脑海中模拟岗位服务的场景：咨询、求助、投诉。高速铁路客运服务人员应该采取积极的自我暗示，告诉自己肯定能做好，之前已经做好了所有的准备，终于能派上用场了。调节自己的情绪状态，消除紧张感。事先给自己打好预防针，从坏处着想，上岗前可想象接待最挑剔旅客的情况，那么在实际上岗后，面对这些旅客时，就会得心应手、应对自如，至少不会因为旅客的为难而不知所措，产生心理压力。

（2）延缓反应法。

当高速铁路客运服务人员感到紧张或遇到"难缠的旅客"而不知所措的时候，就可以用到这种方法，也就是通过延缓自己的答复，达到控制自己情绪的目的。延缓的方式有很多，比如可以简单重复旅客的叙述，或是大脑放空10秒钟，待情绪平复下来后，经过思考，再给旅客进行答复。

（3）静坐休息法。

如果高速铁路客运服务人员情绪面临失控的时候可以采用这个方法，走到没人的地方静静地坐下，喝点水，休息一会儿。其实当人静坐时，心跳就会放慢，血压下降，压力的症状便会有所缓解。

（4）宣泄调节法。

一般来说，工作都会造成压力，尤其是客运服务工作本身及旅客都会给高速铁路客运服务人员带来烦恼焦虑、忧伤委屈、愤怒、恐惧。人的情绪和情感可以暂时压制调节，但很难彻底消除。身心长期处于这种不平衡的状态下，极易出现心理健康问题。所以，高速铁路客运服务人员应该学会宣泄调节，让自己的不快和委屈通过宣泄得以释放，解放自己的心灵。比较有效的方法是尽快转移视线，比如向同事、好朋友倾诉一下。

（5）记录分析法。

用写日记的形式，把自己每天发生的情绪波动，好的、不好的都写下来，也要写出是什么原因引起的，自己的情绪是怎样的，什么时间产生的，这样的情绪持续了多长时间，这便是记录分析法。经过一段时间后，对这些日记进行分析，看看自己积极的情绪和消极的情绪发生的次数各占多少，重点分析不良情绪发生的原因、时间。这样做的目的在于分析自己的情绪，了解自己的情绪，进而管理自己的情绪，采取自己的方法调节自己的情绪，坚持下去就能一步步把不好的情绪消除。

（6）幽默法。

幽默法就是要学会幽默。常言道："笑一笑，十年少。"笑，尤其是大笑、开怀的笑，能够使心、肺、肝等内脏器官也得到活动，从而清除毒素，还可以加快血液循环，增强心肺功能，身体也会更加健康。所以，高速铁路客运服务人员一定要学会幽默，多看些幽默的文章，多和幽默的人聊天，同时也要学会从自己的生活和工作中找到一些趣事、傻事取悦自己和他人，以此来调节个人情绪。

除了以上方法以外，注意合理饮食、远离不良生活习惯、保证充足的睡眠、注意锻炼身体以及拥有阳光心态等都是压力释放的好方法。

任务训练

实训项目	自我沟通训练
实训目标	1. 使学生结合实际，加深对自我沟通的认识与理解。 2. 培养学生加强自我沟通的意识。
实训内容及组织	由教师组织，学生自愿组成小组，每组6~8人，选择以下题目进行自我沟通训练。 1. 自我认知。 2. 自我情绪管理。 3. 自我压力纾解。
实训考核	1. 每组提交一份分析报告。 2. 各组进行汇报。 3. 教师根据各组的分析报告与课堂汇报进行评估。

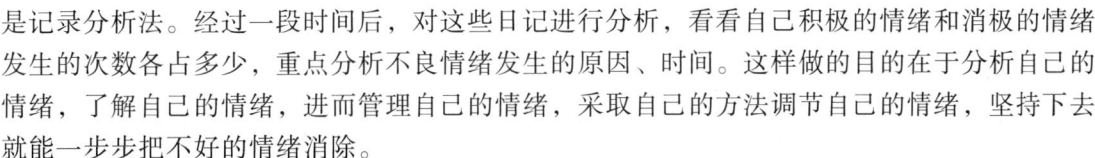复习思考题

1. 解释沟通的概念。
2. 简述沟通的作用。
3. 简述沟通的结构。
4. 简述沟通的种类。
5. 简述高速铁路客运服务倾听与分享沟通技巧。
6. 简述高速铁路客运服务口语沟通技巧。
7. 简述高速铁路客运服务身体语言沟通技巧。
8. 简述高速铁路客运服务人员书面沟通技巧。
9. 简述自我沟通的概念和方法。
10. 简述情绪管理的方法。

项目三　高速铁路客运人员工作关系沟通

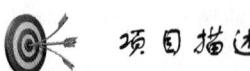 项目描述

面向重点旅客和投诉旅客的有效沟通是高速铁路客运服务人员综合素质和技能的具体体现，是高速铁路客运人员的重难点工作。高速铁路客运服务班组沟通及服务组织外部沟通涉及组织文化的氛围，对于工作效率有重要影响，是决定高速铁路客运服务质量的关键因素。本项目主要介绍高速铁路客运人员班组沟通、高速铁路客运组织外部沟通、高速铁路重点旅客服务沟通技巧和高速铁路投诉旅客沟通技巧。通过本项目的学习，学生应掌握高速铁路客运人员工作关系沟通的基本技能。

任务一　高速铁路客运人员班组沟通

 思政素质目标

具有良好的职业道德和职业素养；诚实守信、爱岗敬业；顾全大局，团结互助。

 职业目标

能熟练运用高速铁路客运人员班组沟通技巧，提升服务能力。

 知识目标

理解高速铁路客运人员班组沟通概念及内容。

 相关知识

班组是为了共同完成某项生产（工作）任务，由一定数量的操作人员或工作人员，在统一指挥、明确分工和密切配合的基础上组成的一个工作集体，是企业的最小生产单位。班组是企业的一部分，是企业内部最基层的劳动和管理组织。

一、高速铁路客运班组的特点

1. 人员配备高要求

由于高速铁路集成世界高速铁路的领先技术和自主知识产权技术，因而，对从事高速铁路运输生产的人员，如动车司机、随车机师、检修人员、维护人员、站车服务人员的专业素

质要求较高。充分体现高、精、尖、强的用人标准，即学历要求高、技术要求精、专业要求尖、政治素质要求强。与此同时，相关人员还需到专门的培训机构进行培训学习，合格后方能上岗。

2. 专业技术高标准

高速铁路在建设和运营过程中大量采用了反映现代科技发展水平的新技术、新工艺、新装备、新材料（简称四新技术），其专业技术标准较高。因此，全面系统地消化吸收新技术、贯彻新工艺、掌握新装备功能和性能、熟悉新材料特性是班组专业技术的一个新特点。

3. 现场控制高水平

高速铁路无论是硬件设施还是软件系统，其选型、配置、成组都强调系统化、专业化、模块化和标准化，相互之间的匹配效果达到最佳。为保持这种稳定状态，班组现场要把握好系统要素之间的控制能力，使高速铁路运输处于绝对安全稳定的状态。

4. 信息反馈高节奏

目前投入运营的高速铁路采用了大量的现代信息技术与管理软件，其信息采集量大，人机结合控制面多，终端信息处理要求高。因而，对于直接从事客运运营管理、乘务、运用维修的人员来说，能够及时捕捉到相关信息并快速做出反应是现场信息沟通的一大特点。

5. 问题处理高效率

由于高速铁路的高速度和高密度特性，在班组现场作业沟通中容不得半点差错。因此，对问题的处理必须要有强有力的决断力，要能够高效率地解决问题，迅速恢复正常状态，保持系统稳定，确保高速铁路安全畅通。

二、班组长的角色认知

（一）班组长的作用与地位

1. 班组长的重要作用

班组中的领导者就是班组长，班组长是班组生产管理的直接指挥者和组织者，也是企业中最基层的负责人；班组长影响着决策的实施，影响着企业目标的最终实现。班组长的重要作用体现在以下四个方面。

（1）生产指挥者。

班组长作为企业最基层的组织者和管理者，既要直接参加劳动，完成自己的计划，又要指挥全班组的生产，完成全班组的任务；既要带头遵章守纪，又要严格考核，搞好班组管理。因而，班组长是企业价值和利润的创造者。

（2）管理组织者。

班组长作为基层的一级管理者，是一线任务的具体组织者和执行者；通过管理充分发挥全班组人员的团队协作精神，产生"1+1>2"的效应，最终做到按质、按量、如期、安全地完成上级下达的各项生产计划指标。

（3）团队领导者。

在实际工作中,上级的决策如果没有班组长的有力支持和密切配合,没有得力的班组长来组织开展工作,就很难落实。所以,班组长既是领导者,也是直接的生产者。

(4)关系协调者。

班组长既是承上启下的桥梁,又是职工联系领导的纽带。

2. 班组长的特殊地位

班组长在企业生产指挥中处于"兵头将尾"的地位;在企业生产和管理的各种要素相互联系贯通中处于"枢纽"地位;在班组核心队伍中处于"核心"地位。

班组长的特殊地位决定了要对三个阶层的人员采取不同的立场。面对职工应站在代表上级的立场上,用领导者的声音说话;面对上级应站在反映职工呼声的立场上,用部下的声音说话;面对直接领导又应站在部下和上级辅助人员的立场上讲话。所以,作为班组长一定要清楚自己的角色定位。

(二)班组长在生产管理中的职责

班组长综合素质的高低决定着企业的决策能否顺利地实施。因此,班组长是否尽职尽责对企业来说至关重要。班组长在生产管理中的职责主要包括以下几方面:

1. 日常管理

人员的调配、排班、考勤、员工的情绪管理、班组台账的整理以及班组建设等都属于日常管理。

2. 安全管理

班组长是本班组安全第一责任人。班组长的安全管理包括标准化现场作业、人员管理、操作质量、材料管理、设备维护、危险点的控制等。

3. 凝聚团结班组成员

班组长是团队的带头人,应引导职工树立爱岗敬业的精神,激发职工的积极性和创造性,用鼓舞人心的共同愿望,将职工的个人能力转变成一股向上的合力,凝聚在一起,快乐地去完成每一项工作。

4. 辅助上级

班组长应及时、准确地向上级反映工作中的实际情况,提出自己的建议,做好上级领导的参谋助手。如果仅停留在人员调配和生产安排上,就没有充分发挥出班组长的桥梁和推动作用。

(三)班组长应具备的基本素质

管理者要有一定的权威,只有职务没有权威的班组长,对其他职工没有感召力。但是,这种权威不仅靠领导授予或聘用(职务性权威),更重要的是由班组长个人的素质决定(非职务性权威)。

1. 思想政治素质

班组长的思想政治素质主要包括思想意识、思想工作方法和思想修养。思想意识指班组长应具有的符合时代精神的观念意识和思维方法，具有开拓、创新和奉献精神，树立竞争观念、信息观念、系统观念等，强化科学、民主、法制、文明意识。思想工作方法指班组长对事物的分析、认识的方法。思想修养指品德、情操、意志力、自我控制能力等方面的修养。班组长只有具备了较高的思想政治素质，才能在工作中做到坚持原则，发扬民主；吃苦在前，享受在后；才能有较强的事业心和责任感。也只有这样，班组长才能在职工中树立起威信，才能有号召力和影响力。

2. 技术业务素质

班组长的技术业务素质指完成班组生产和工作任务必须具备的专业知识的掌握程度。班组长要通晓本班组各工种的基础知识，熟练掌握基本技能；要熟悉本班组的技术标准、工艺规程和检验方法；对生产过程中出现的一般性技术质量问题有处理能力；对本班组的设备、工具和材料，要知道性能，会使用、会保养；对新设备、新技术、新工艺和新材料要有较好的吸收消化能力。

3. 管理素质

班组长的管理素质指班组长所具有的管理方面基本知识的能力，是当好班组长的基本条件。班组长应有主动的管理意识、清晰的管理思路和管理目标；能根据上级下达的任务和目标，班组的具体情况，对目标、任务进行分解、落实，并按时完成各项工作任务和经济技术指标；能教育、监督班组成员严格执行各项管理制度，懂得一定的现代化科学管理方法，善于实现人、机、物的有机结合，提高劳动效率，减轻劳动强度；有全面质量管理意识，能运用全面质量管理的手段和方法控制并解决本班组生产过程中出现的问题；有一定的班组核算和经济活动分析能力；正确贯彻按劳分配原则，调动班组人员的积极性；有一定的观察分析本班组人员思想状况、动态的能力，会运用谈心、家访等多种方式、方法，做好思想政治工作；有一定表达、写作能力，按时召开班组会，按要求总结工作，写出工作总结。要掌握班组各种原始记录统计、整理、分析的技能，能够及时填写各种生产记录和各项报表，做到准时汇总上报。

4. 文化素质

班组长的文化知识水平决定着在管理方面发展的潜力。班组长应通过各种途径进一步学习，努力掌握更多的科学文化，并注意把学到的知识灵活地应用到生产和管理实践中去。只有这样才能不断地提高自己分析问题、解决问题的能力。要掌握一定的计算机及相关文字处理软件的应用技巧，能够适应现代化信息发展的需要。

（四）班组长应具备的能力

1. 实际操作技能和解决问题的能力

班组长一般是技术比较拔尖的职工，能解决本班组在生产中出现的各种问题；能熟知上级规定的要求、标准、命令；能了解相关班组关键岗位的技术要求，同时，有强烈的安全意识。

2. 管理指挥能力

班组长要敢于管理和善于管理，敢于管理就要批评人，善于管理就要讲求管理方法。班组长在批评班组成员时，要视每个人的素质和犯错误的次数情况，采取不同的方式。对个人素质较高和初犯错误的同志，要通过引导，帮助其认识错误和改正错误，尽量避免在公开或人多的场合进行批评；对个人素质低和屡教不改的，视其违章违纪和所犯错误的性质不同，在适当的场合进行批评。当发现危及人身安全和行车安全的苗头时应及时、坚决地予以制止，直至停止其工作。需要公开提出批评时，要注意方式方法。出言要谨慎，切不可感情用事或情绪化。常言道："敲鼓听声，说话听音。"若能在开玩笑、聊天之间，把需要严肃对待的问题解决好，也是一种艺术。

3. 沟通协调班组内外关系的能力

班组长是上下沟通的承上启下者。能准确传达上级的命令要求，同时也有能力反映本班组在生产、安全、管理中出现的问题，并适时提出整改建议。另外，班组的人和事都是和周围有联系的，因此需要有全局意识，能够与兄弟班组沟通。将问题解决在下面，不把矛盾上交。因此，班组长应该具备较强的讲话、倾听、洽谈、疏通以及说服力等相关能力。由于班组职工的技术等级、实际操作能力、文化水平、年龄等因素存在差异，人与人的工作能力、业务水平不尽相同，合理地搭配和调剂班组结构，协调人与人之间的关系，将职工进行优化组合协调起来，以求相互取长补短，相得益彰。这样，才能充分调动全班人员的积极性和创造性，提高整个班组人力资源的使用效率和效益。

4. 指导能力

为了能够顺利地开展日常生产工作，班组长还要能够给自己的职工传授必要的专业知识和技能，指出职工在工作过程中的不足之处，并且给他们提出改善的措施和建议。这就要求班组长要具备不断学习的能力，带头学习业务技术，做到"干什么会什么，缺什么补什么"。同时，班组长要组织全组人员加强业务技能学习，形成浓厚的学习氛围，最终使班组整体素质大大提高。

5. 创新能力

班组长不能墨守成规，要带领班组成员广泛运用新技术、新工艺和新的管理方法。能总结先进的操作方法和工艺技术，积极向技术部门提出整改建议。要善于创造性地开展各项工作，思路有创意，工作有新招。

6. 控制情绪能力

一个优秀的班组长应该具有较强的情绪控制能力，在领导情绪非常糟糕的情况下，很少有下属敢去向他汇报工作，因为职工害怕领导的坏情绪会影响到他对自己工作的评价。从某种意义上来讲，班组长的情绪已经不再是自己的私事了，它会直接影响下属及其他部门的职工。同时，坏情绪还会影响自己对事物的判断和决策能力，因此，班组长要有效控制自己的情绪。

三、高速铁路客运班组沟通

由于高速铁路客运系统的关联性,需要较强的协调性来保证系统目标的实现。而这种协调性既包括班组内部各工种间的协调与配合,也包括外部各班组之间的协调与配合。因此,着力强化班组内外之间的协调工作是高速铁路客运班组沟通的一项重要内容。一是强化班组内部各工种的协调关系,确保相互配合与沟通;二是强化作业过程的协调控制,保证相关作业有序推进;三是强化问题处理的协调意识,共同承担相应的管理责任;四是强化信息反馈的协调渠道,做到互通情况,协同管理。

(一)班组沟通的定义及作用

1. 班组沟通的定义

班组沟通是将信息、情意传达给班组成员,并且希望对方从中得到正面的反应,或者是良好结果的一种言语行为。班组沟通包括班组长与班组成员之间的沟通、班组成员与班组成员之间的沟通等两个层面。

高速铁路客运服务班组沟通是指高速铁路客运服务班组内部发生的所有形式的沟通。是随着高速铁路客运服务组织结构的诞生而产生的。

班组沟通旨在建立班组长和员工之间的开放、自由、充分的沟通机制,建立班组与班组、领导与员工、员工与员工、虚拟团队之间的沟通渠道,通过正式或非正式、口头或网络等多种渠道、多种场合、多种内容的交流,打破交流障碍,营造良好沟通氛围。

2. 班组沟通的作用

良好的沟通是开展工作的重要条件,有效的沟通是提高工作效率的基础。沟通的重要性表现在:通过沟通达成一致、协调行动,促进工作顺利开展;通过沟通增加对同事的性格、爱好、观点的了解,提高人员管理的针对性;通过沟通协调同事之间的是非观念、行为准则,降低班组管理的沟通成本;通过沟通增进同事之间的感情交流,提高班组凝聚力;通过沟通,争取各个部门对本班组工作的支持。

高速铁路客运服务班组作为铁路运输行业的一线工作团队,加强班组沟通,提升高速铁路客运服务班组沟通技巧尤为重要。

(二)班组沟通的内容

班组沟通的内容包括工作上的沟通和工作以外的沟通等。班组沟通的内容也包括班组成员间的沟通、班组成员与班组长的沟通和班组与班组之间的沟通。

在工作沟通方面,班组长处于上级与下属之间,扮演着上传下达的角色,将上级的指示消化成自己的处事论调,并且要换位思考,以班组成员的角度传达班组成员易于理解、易于执行的命令内容,使班组成员产生认同感、共鸣,保证班组各项工作的顺利开展。在工作的过程中,班组长要加强与班组成员的沟通,及时发现、改正沟通信息产生偏差等问题,做好协调工作,以确保工作的质量。

班组成员之间要打破岗位之间的壁垒,围绕每项工作任务,加强信息沟通、彼此交换意见,达成共识,保持团队和谐、融洽的氛围。在日常团队建设中,班组长对下属、班组成员之间进行密切的沟通,及时了解下属和班组成员的思想动向、学习和生活上遇到的问题,互相帮助,共同进步。

1. 班组沟通实施的时间和频次

有效的高速铁路客运服务班组沟通制度,能够规范高速铁路客运服务组织的沟通行为,同时,通过对沟通中不良行为的约束,能够促进高速铁路客运服务人员行为的一致性,提高班组沟通的效率与效果。班组沟通应根据班组实际情况而进行,可分为定期沟通和随机沟通。

(1)定期沟通。

对于班组成员较少的班组,班组长至少应当每周与下属进行一次深入沟通、面谈。

对于班组成员较多的班组,班组长至少应当每月与下属进行一次深入沟通、面谈。

(2)随机沟通。

随机沟通指班组遇突发性因素(包括人的因素和物的因素,如某员工工作失误、临时性政策指导工作等),针对个别员工或个别事件进行沟通或进行临时性的沟通行为。班组在日常工作的过程中,运用书面沟通、信息化沟通(微信群、电子邮件、QQ群、博客)等沟通工具进行实时沟通。

2. 班组沟通的常见形式

班组沟通管理并不受空间、时间的限制,班组长与成员之间,班组成员与成员之间可以随时、随地、按需进行沟通交流。

(1)绩效面谈。

对高速铁路客运服务工作做得好的服务人员,如对主动提建议者、沟通影响力佳者,给予物质和精神上的奖励,宣传他们的优秀事迹。同时,让他们分享沟通的经验和成果,以促进全体高速铁路客运服务人员提升沟通技巧。

绩效面谈是班组长每月月初根据班组成员上月的表现,全面、客观地进行评价,帮助组员寻找与工作目标之间的差距,提出改进意见,表达对组员的期望,以提高组员工作绩效。面谈的内容主要集中在:组员本月取得了哪些进步,对组织做出了什么贡献;组员在哪些工作及组织活动中发挥了组员的固有优势;哪些因素限制了组员优势的发挥,班组长如何与组员共同努力消除这些限制。

(2)班组长谈心。

班组长与组员之间可以建立谈心制度,班组长可定期与组员进行沟通,分享工作、生活上的快乐与好经验,了解和掌握组员的思想动向,关心组员关注的热点、难点、焦点问题,设法帮助组员解决。

当组员情绪低落时,班组长要及时了解原因,如果班组成员家庭发生重大事件时,要对事件情况表达关注、关怀和提供一定的支持和帮助;如果班组成员工作方式有偏差,遇到了困难无法解决,应及时帮助其分析原因并提出改进的办法。组员取得优秀业绩时,班组长要表达出对组员的赞赏,并提出对组员更高的工作期望。

(3)文件解读会。

利用文件解读会,详尽地解读最新文件,并进行讨论,聆听组员的意见和建议,不断地改进工作。

（4）书面沟通。

通过高速铁路客运服务工作制度、流程制度文件，客运段、车务段、车站及相关部门文档管理，邮件系统，铁路内部网络，刊物，展板，纸质文件批复，内部共享服务器，QQ 群，微信群等多种形式，促进信息在班组内部共享，提高管理制度知悉度，促进知识积累，提升班组管理效率。

（三）班组沟通的注意事项

1. 高速铁路客运服务人员与班组长（列车长）的沟通

高速铁路客运服务人员要熟悉班组长（列车长）的心理特征，进行正常的心理沟通。与班组长（列车长）交往和与其他人交往一样，都需要进行心理沟通；要服从班组长（列车长）的领导，不要对班组长（列车长）采取抵抗、排斥态度；要敢于指出班组长（列车长）的失误，但要注意方式方法；要设身处地地从班组长（列车长）的角度想问题，不要强人所难；交往要有耐性。

2. 高速铁路客运服务人员与本班组其他服务人员的沟通

高速铁路客运服务人员要讲出自己的内心感受、想法和期望，沟通中出现分歧时，要控制好情绪；不批评、不责备、不攻击、不说教，批评、责备、抱怨、攻击这些都是沟通的大忌，会导致沟通失败；互相尊重，只有给予对方尊重，才能实现有效沟通；绝不要恶言伤人，不说不该说的话，要理性沟通；诚恳、幽默、低调、抚慰也是与本班组其他服务人员沟通的有效方法。

四、高速铁路客运服务人员垂直沟通

垂直沟通是指组织内部高低各个结构层次之间进行的沟通，有下行沟通和上行沟通两种形式。

高速铁路客运服务人员垂直沟通是指高速铁路客运服务人员在高低不同的行政架构层次之间进行的沟通。

1. 高速铁路客运服务人员垂直沟通的分类

高速铁路客运服务人员垂直沟通分为高速铁路客运服务人员上行沟通和高速铁路客运服务人员下行沟通，两者均属于高速铁路客运服务人员上下级之间的沟通方式。

一般来说，高速铁路客运服务人员下行沟通的速度要快于高速铁路客运服务人员上行沟通的速度。因为高速铁路客运服务人员下行沟通多属于客运班组领导布置任务，而高速铁路客运服务人员上行沟通多属于下属向高速铁路客运服务组织领导反映问题、提出申请和汇报工作。

2. 高速铁路客运服务人员下行沟通

高速铁路客运服务人员下行沟通是指信息的流动是由高速铁路客运服务组织较高层次流向较低层次，高速铁路客运服务人员下行沟通的目的是控制、指示、激励及评估。其形式包括管理政策宣讲、备忘录、任务指派、指示下达等。有效的高速铁路客运服务人员下行沟通并不只是传送命令,而是能让高速铁路客运服务人员了解单位政策、计划的内容,并获得高速铁路客运服务人员的信赖、支持,同时有助于高速铁路客运服务组织决策和计划的控制,达成高速铁路客运服务组织的目标。

当信息自一方传至另一方时,有些资料会被忽略掉。当信息传经许多人后,每一个传送过程都会造成更多信息的损失,甚至遭扭曲和误解。在高速铁路客运服务组织中,当下行沟通经过许多组织层级时,许多信息会遗失。减少高速铁路客运服务组织层次,能促进下行沟通的有效开展。

高速铁路客运服务人员下行沟通是高速铁路客运服务组织沟通中最重要的沟通方式之一,也是高速铁路客运服务组织沟通中最主要、最能有效提升工作效率,却也最容易产生无效沟通的环节。

高速铁路客运服务人员下行沟通应从高速铁路客运服务组织高层管理者做起,利用多种渠道、使用多种方式进行沟通,具体策略如下。

(1)制订高速铁路客运服务人员沟通计划,建立高速铁路客运服务人员沟通制度。
(2)"精兵简政",减少组织沟通环节。
(3)建立有效的高速铁路客运服务沟通反馈机制。
(4)采取正确方法,减少抵触和怨恨情绪。
(5)利用多种渠道和方式进行沟通。

以"动车组列车厕所异味"事项处理为例,各层级有关部门的垂直沟通及处理内容和流程如图 3-1-1 所示。

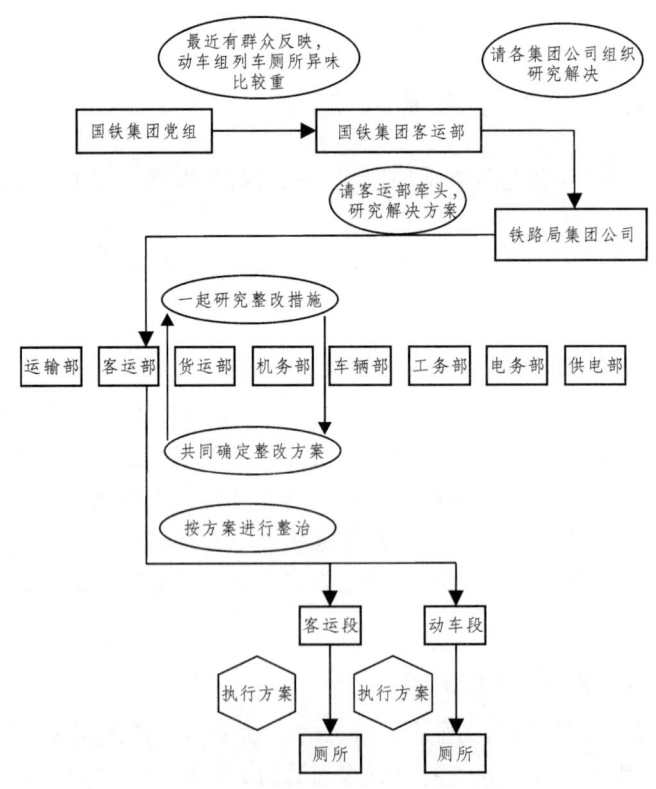

图 3-1-1 "动车组列车厕所异味"事项处理垂直沟通过程

五、高速铁路客运服务人员横向沟通

横向沟通是指发生在同一工作群体的成员之间、同一等级的工作群体之间,以及任何不存在直线权力关系的人员之间的沟通。

横向沟通是平级关系的沟通,所以沟通者相互之间的威胁性就小,不会像上下级沟通那样与惩罚发生联系。由于横向沟通大多发生在工作的求助上,所以相互推诿的情况就特别多,导致沟通困难。横向沟通的作用是:保证公司总目标的实现;弥补重复沟通造成的不足;实现各部门信息共享。

高速铁路生产组织是一项非常复杂的系统工程,具有大联动的特点。这就决定了高速铁路客运作业过程中,各级客运部门与其他专业部门存在大量的作业关联,如客运段与动车段、机务段、餐服部门、保洁部门、客运站、中铁快运等部门的作业关联。因此高速铁路客运服务过程中需要大量的横向沟通工作。

(一)高速铁路客运服务人员横向沟通概念

高速铁路客运服务人员横向沟通是指在高速铁路客运服务组织内部各服务人员之间,同样岗位、同样乘务组之间,以及任何不存在直线权力关系的高速铁路客运服务人员之间的沟通。

(二)高速铁路客运服务人员横向沟通的优缺点

1. 优 点

横向沟通可以采取正式沟通的形式,也可以采取非正式沟通的形式。通常后一种形式居多,尤其是在正式的或事先拟定的信息沟通计划难以实现时,非正式沟通往往是一种极为有效的补救方式。横向沟通具有很多优点:

(1)可以使办事程序、手续简化,节省时间,提高工作效率。

(2)可以使企业各个部门之间相互了解,有助于培养整体观念和合作精神。

(3)可以促进员工之间互谅互让,培养员工之间的友谊,满足员工的社会需要,提高员工工作兴趣,改善员工工作态度。

2. 缺 点

横向沟通的缺点表现在:头绪过多,信息量大,易造成混乱;个体之间的沟通也可能成为职工发牢骚、传播小道消息的一个途径,造成团体士气涣散的消极影响。

(三)高速铁路客运服务人员横向沟通的障碍与改进

1. 障 碍

高速铁路客运服务组织本位主义是高速铁路客运服务人员横向沟通最大的障碍。例如,认为自己的价值最大,在组织结构认识上存在贵贱或等级偏见;高速铁路客运服务组织之间职责交叉;高速铁路客运服务人员存在性格差异或知识水平差异;对某些政策的认识存在猜忌、恐惧;高速铁路客运服务人员之间、高速铁路客运服务组织部门之间针对工作资源、职位的竞争与冲突;空间距离也是障碍之一。

2. 改 进

在高速铁路客运服务人员横向沟通中起重要作用的高速铁路客运服务人员被称为边界人员，这类高速铁路客运服务人员与其他部门及外界的人有较多的沟通联系。边界人员获得大量的信息，过滤后再传递给他人。这使他们具有特殊的地位和潜在的权力，所以要很好地发挥他们的作用，以提高高速铁路客运服务人员横向沟通的效果。高速铁路客运服务组织内外都有关系网，关系网是指一群人建立的对共同的兴趣非正式地进行信息交流的网络，一般是围绕外部利益建立的，如娱乐团体、专业团体等。关系网有助于扩大高速铁路客运服务人员的利益，使他们了解新技术的发展，使他们更易被他人了解。

高速铁路客运服务人员改进横向沟通的具体策略如下：倾听而不是叙述；换位思考；选择准确的高速铁路客运服务组织内部沟通形式；建立高速铁路客运服务组织内部沟通管理咨询员等。

以动车组列车一次乘务作业流程为例，作业关联的横向沟通关系如图3-1-2所示。

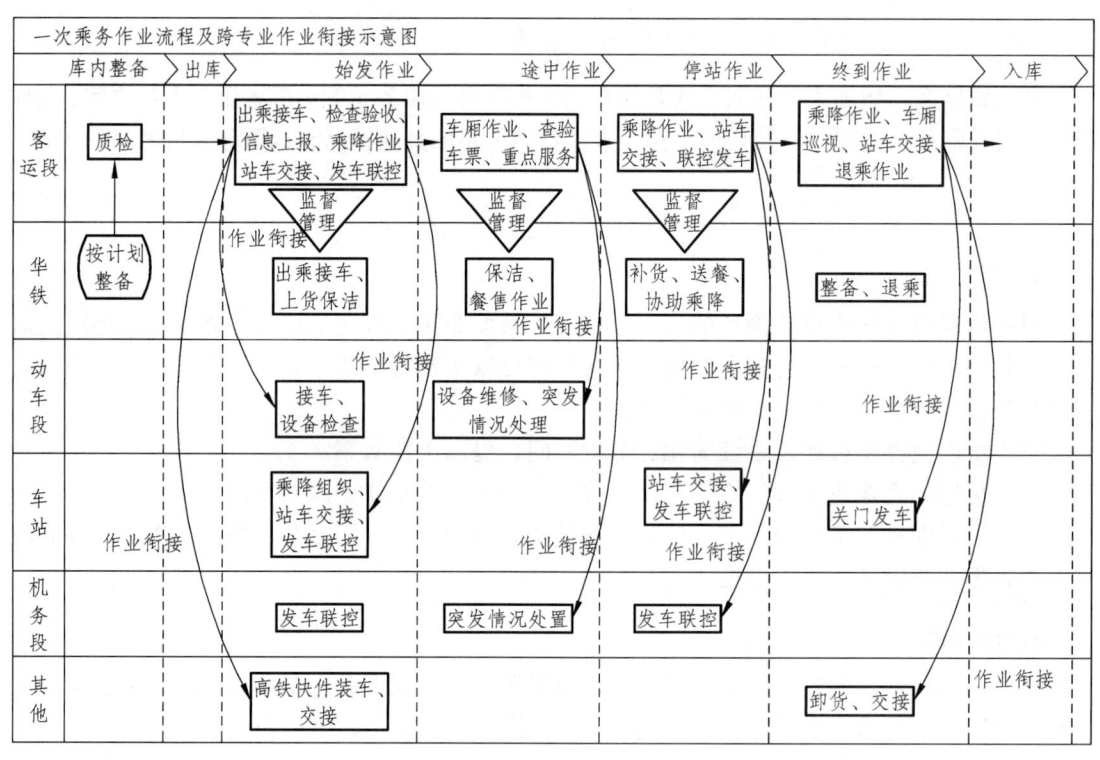

图3-1-2 动车组列车一次乘务作业流程横向沟通关系

六、高速铁路客运服务人员会议沟通

（一）会议的含义和类型

在高速铁路客运服务工作过程中，召开各种工作会议可以说是一项频繁的工作。高速铁路客运服务人员会议沟通是一种成本较高的沟通方式，沟通的时间一般比较长，常用于解决较重大、较复杂的问题。虽然高速铁路客运工作会议带来了资源、人力、物力的巨大耗费，

但会议是一种很有效的沟通手段，比面对面的交流可以传递更多的信息，尤其是很多需要各部门协作的工作，就更需要以会议为纽带来协作。

1. 会议的含义

会议是人们为了解决某个共同的问题而聚集在一起进行讨论、交流的活动。会议的主体主要有主办者、承办者和与会者（许多时候还有演讲人），其主要内容是与会者之间进行思想或信息的交流。

2. 会议的类型

会议按目的分为：谈判型会议、通知型会议、解决问题型会议、决策型会议、信息交流型会议。

会议按参加人数的规模分为：大型会议、中型会议、小型会议。

会议按时间规律分为：例行会议、非例行会议。

会议按形式分为：室内会议和室外会议、正式会议和非正式会议。

会议按参与者的身份分为：高速铁路客运服务人员会议、高速铁路客运服务组织中层会议、高速铁路客运服务组织高层领导会议。

会议按内容分为：生产或业务会议、乘务工作会议、站务工作会议、专业分享会议、咨询会议、座谈会和讨论会。

（二）会议功能

1. 传达企业经营理念并使企业目标协调一致

召开高速铁路客运服务工作会议最主要的目的是传达高速铁路企业的经营理念，统一高速铁路客运服务人员的步调。同时通过会议，集思广益，把大家的意见统一起来使之成为高速铁路企业努力的方向，这样才能众志成城，又快又好地将目标变为现实。

2. 传达决策者的信念

高速铁路客运服务组织决策者的信念也要通过会议来传达。例如，高速铁路客运服务组织从今年开始要发些奖金给所有的员工，而且要根据每位高速铁路客运服务人员完成各项指标的情况而有所不同。这是高速铁路客运服务组织领导者的一种激励策略，这样的信息就需要利用会议来隆重推出，以引起高速铁路客运服务人员的兴趣，激发高速铁路客运服务人员的工作热情。

3. 共同解决问题与危机

共同解决问题与危机是会议的又一个重要功能。当遇到问题，普通员工没有对策，领导一时也拿不出合理的方案时，就需要大家坐在一起召开会议，提出自己的想法，设法解决问题。

4. 集思广益

集思广益，激发富有创意的工作理念是会议的另一项功能。会议是产生创意的一个良好场所，通过有效的会议，可以进行头脑风暴，不断激发出良好的创意。

5. 检讨、改进不足之处

例如，乘务组收到旅客的投诉越来越多，就要马上召开会议，大家讨论一下投诉增多的原因。通过会议，可以将所有可能的原因列举出来，然后再一一做出分析，通过分析结果来检讨和改进服务。

6. 告知功能

会议传达信息要比在布告栏上公布的效果好得多，而且也显得更为郑重。例如，今年的安全目标是无任何重大安全事故，通过会议，可以将这个目标准确地传达给各相关人员，号召大家共同努力。

（三）有效的高速铁路客运服务工作会议

1. 会议的准备工作

（1）选定参加者。

对要参加会议的人一一考察，召集确有必要参会的人，不要让不相关的人参加会议。

（2）明确会议的目的。

解决型会议的目的是解决遇到的一个或几个问题；制定计划型会议的目的是确定由谁去制定计划；信息传达型会议的目的是把详细信息传达下去；利益调整型会议的目的是重新分配利益。

（3）合理分配会议时间。

一定要准时开会，准时开会不是一件容易的事情，但是若有一次不准时开会，后面再开会就很难准时；为了提高效率，解决主要问题，会议从最重要的事项开始讨论、解决。

2. 召开会议

（1）前期工作。

前期工作包括会议提纲、会议结束的时间、会议参加人员、确定召开会议的目的、确定会议的主要内容、确定会议的议程、确定会议的时间安排。

（2）会议召开期间的组织工作。

会议召开期间的组织工作包括给予参会者均等的发言机会，创造使所有参会者能够自由发言的气氛，为参会者平等地相互交流创造条件，对部分参会者的长时间发言、争论或者题外话采取相应措施，切实遵守会议议程并进行时间控制。

（3）会议收尾工作。

会议收尾工作包括会议结论经全体参会者协商得出，对会议结论进行概括、说明，对会议中决定的事项进行明确分工，结尾时由参会者对会议结果进行评价。

（4）会议后续工作。

客运服务工作会议结束后要不断跟进会议决议的落实情况。

3. 有效客运服务工作会议的注意事项

（1）会议气氛活跃。

如果会议比较乏味，参会者的参与度较低，主持者有必要思考一下"为什么会这样"。可以通过提问来引导大家参与会议。会场不是战场，鼓励思想冲突，禁止感情冲突。

（2）不要有含糊不清的表达。

尽量少用或不用含糊不清的表达：基本上结束了，基本上行；大致有希望；几乎没有问题，几乎是按计划完成；或许能行，或许能成功；我觉得能行，我觉得能成功；在一定程度上完成了；似乎合适等表述。

（3）认同并尊重对方。

许多人在会议中所犯的错误之一就是固执己见。如果总是抓住别人话里的漏洞不放，就会导致谁也没有兴趣发表意见，造成小心谨慎、保持沉默的气氛。对方有发表自己意见的权利。即使对方发表的意见有欠缺，也要尊重其意见，要鼓励大家发言。

 任务训练

实训项目	高速铁路客运人员班组沟通训练
实训目标	1. 使学生结合实际，加深对高速铁路客运人员班组沟通的认识与理解 2. 培养学生高速铁路客运人员班组沟通学习的兴趣。
实训内容及组织	由教师组织，学生自愿组成小组，每组6~8人，选择以下题目进行高速铁路客运人员班组沟通。 1. 成为一名班组长。 2. 班组长与组员沟通。 3. 班组内成员之间沟通。
实训考核	1. 每组提交一份分析报告。 2. 各组进行汇报。 3. 教师根据各组的分析报告与课堂汇报进行评估。

任务二　高速铁路客运组织外部沟通

高速铁路客运组织外部沟通

任务三　高速铁路重点旅客服务沟通技巧

 思政素质目标

具有良好的职业道德和职业素养；诚实守信、爱岗敬业；顾全大局，团结互助。

 职业目标

能够与各种重点旅客进行服务沟通。

 **知识目标**

掌握重点旅客的群体特征及沟通技巧。

 相关知识

重点旅客是指老、幼、病、残、孕旅客。结合高速铁路客运工作实际情况分为一般重点旅客、特殊重点旅客。一般重点旅客是指老、幼、病、残、孕且有同行人陪同的旅客,无需工作人员全程护送,需车站提供优先服务的旅客。特殊重点旅客是指盲人,依靠辅助器具如担架、轮椅才能行动的需工作人员特殊照顾或者全程护送的旅客。

一、重点旅客服务质量标准

铁路12306客户服务中心提供特殊重点旅客预约服务。车站发现特殊重点旅客,须主动询问,主动提供服务。站车之间应及时通报特殊重点旅客服务信息,由客运值班站长(或客运值班员)通知旅客到站客运值班站长(或客运值班员);通知内容包括发站、车次、到站、到达日期、车厢号和服务需求(轮椅、担架、救护车、人工服务等)。到站根据通知要求做好提前接站准备及服务工作。

工作人员发现携带导盲犬进站乘车的视力残疾旅客时,要按照特殊重点旅客服务有关要求,提供相应服务。对携带导盲犬进站乘车的视力残疾旅客,除按规定进行实名制验证外,还须核验旅客本人的残疾人证、导盲犬工作证、动物健康免疫证明等证件。导盲犬须与视力残疾旅客同行,各类证件均载有视力残疾人旅客姓名、住址等信息,须相互一致。

二、车站重点旅客服务

售票处设无障碍售票窗口,为特殊重点旅客提供优先购票服务;设爱心售票窗口,为重点旅客提供优先购票服务。候车室高架服务台处设置重点旅客候车区(爱心候车区、重点旅客候车室)、母婴哺乳室及便民服务箱,并配备轮椅、担架等辅助器具,备有免费的一次性水杯、针线包、工具箱、书刊杂志等服务备品。在检票口附近等方便的区域设置黄色标志的重点旅客候车专座。卫生间设无障碍厕所,并保证卫生环境良好,设备设施齐全可用,不得私自占用。无障碍电梯确保开启及时,使用正常。站台盲道畅通无障碍。

(一)特殊重点旅客服务

成立重点旅客服务组(简称服务组),专职负责重点旅客的接送站服务和其他服务工作,实行24小时服务。

1. 进站候车

(1)验证口。

工作人员发现特殊重点旅客后,通知服务组值班员,服务组值班员安排专人到验证口,

引导特殊重点旅客经无障碍电梯至重点旅客候车区，在"重点旅客登记本"登记旅客所乘车次、到站等信息，并根据需要填写"特殊重点旅客服务交接簿"。

（2）候车区。

工作人员发现特殊重点旅客后，将特殊重点旅客引导至重点旅客候车区。在"重点旅客登记本"登记旅客所乘车次、到站等信息，并根据需要填写"特殊重点旅客服务交接簿"（见表3-3-1）。

表 3-3-1　特殊重点旅客服务交接簿

第____号

局别：_____局集团有限公司　　　　　　　　　填表单位：_____站（客运段）

旅客服务信息										通知到站		签　字		
日期	姓名	车次	发站	到站	车厢席位	到达日期	类别	服务人	服务内容	时间	受话人	发站客运值班员	列车长	到站客运值班员

制表说明：
1. 编号由各局统一编制，8位数字，其中前两位按电话会议局顺填写，如哈尔滨为01，沈阳为02等。
2. "类别"栏为老、幼、病、残、孕五类。
3. "服务人"栏为提供具体服务的车站客运员、列车乘务员姓名。
4. "服务内容"栏，车站指优先售票、优先进站、送车、接站，列车指安排餐车就座、优先补票（安排席位），须注明是否提供轮椅、担架等辅助器具。
5. "签字"栏由车站客运值班员、列车长签名。
6. 本表供站车交接用。
发站填写时，一式三份，发站交接时，一份自存，两份交列车；到站交接时，一份列车保存，另一份到站保存。
列车填写时，一式两份，一份自存，另一份交到站。
站车均应按编号顺序装订、保管。原始表格保留一年。

2. 检票乘车

服务组值班员指派专人服务，按照旅客所乘车次经专用通道护送至站台，使用"特殊重点旅客服务交接簿"与列车长办理交接。

3. 中转换乘

（1）列车移交特殊重点旅客时，站台客运值班员、客运员与列车长办理交接，并通知服务组值班员，服务组值班员安排专人将特殊重点旅客引导至高架候车区重点旅客候车区。

（2）旅客下车后打电话或找到站台工作人员要求服务，值班室告知相关站台客运员值班员、客运员与旅客接洽，同时联系服务组值班员，服务组值班员安排专人将特殊重点旅客引导至高架候车区重点旅客候车区。

3. 到达出站

（1）列车移交特殊重点旅客时，站台客运值班员、客运员与列车长办理交接，并通知服务组值班员，服务组值班员安排专人将特殊重点旅客引导出站。

（2）旅客下车后打电话或找到站台工作人员要求服务，值班室告知相关站台客运员值班员、客运员与旅客接洽，同时联系服务组值班员，服务组值班员安排专人将特殊重点旅客引导出站。

（3）特殊重点旅客有人接站时，接站旅客按实际需要从出口进站，由出站口人员按规定开具"接站卡"，列车打点后引导接站人员至相应站台。

（二）重点旅客服务

1. 无接、送站人的重点旅客

（1）验证口客运员：发现重点旅客，通知服务组值班员，服务组值班员安排专人将重点旅客引导至重点旅客候车区。

（2）服务组客运员：重点旅客乘车时，引导至相应检票口与检票员做好交接。必要时，服务组派专人护送至站台乘车。

（3）检票口客运员：检票前做好宣传，对服务组交接和排队等候检票的重点旅客优先安排检票，并通知站台客运值班员。

（4）站台客运员：引导上车的重点旅客到相应车厢乘车，引导下车的重点旅客出站。必要时，联系服务组值班员做好引导出站服务。

（5）值班室客运员：接到旅客要求服务的电话后，联系相应站台客运值班员、客运员与旅客接洽，进行引导出站服务。必要时，联系服务组值班员做好出站服务。

2. 有接、送站人的重点旅客

（1）验证口客运员：发现重点旅客，允许一名送站人员进站，并为其发放"爱心送站卡"。必要时，引导至重点旅客候车区。

（2）服务台客运员：重点旅客乘车时，引导至相应检票口与检票员做好交接。必要时，服务组派专人护送至站台乘车。

（3）检票口客运员：检票前做好宣传，对持"爱心送站卡"和排队等候检票的重点旅客优先安排检票，并通知站台客运值班员。

（4）站台客运员：引导上车重点旅客到相应车厢乘车，引导下车的重点旅客出站。必要时，联系服务组值班员做好引导出站服务。

（5）出站口客运员：为重点旅客接站人员发放"爱心接站卡"，旅客出站后，按规定收回"爱心接（送）站卡"。

（三）服务管理

1. 预约工单

（1）接到12306重点旅客预约服务工单（简称预约工单），将预约工单传真至值班站长室，并在"客运车间12306重点旅客预约工单登记簿"（见表3-3-2）上详细记录授令人、值班室接收人和回复情况、是否销号等信息。

表 3-3-2 客运车间 12306 重点旅客预约工单登记簿

日期	工单号	授令人	车间接收人	值班室接收人	第一次联系	服务日期	销号	是否回复

（2）值班室接到预约工单后，授令人与重点旅客进行联系，核实出行日期、车次、所需帮助等信息，并将值班站长室电话告知旅客，便于联系。同时在"值班室 12306 工单登记表"（见表 3-3-3）进行详细登记后，回复车间与重点旅客联系情况。

表 3-3-3 值班室 12306 工单登记表

序号	工单号	类别	内容	发令人	接令人	联系人	服务组	服务日期	销号	备注

（3）预约工单服务当日，当班值班室客运员将工单内容再次通知当班服务组值班员，服务组值班员在提供服务 2 小时前与重点旅客进行第二次联系，确定接送站事宜，并将联系情况汇报车间。服务组值班员负责按照预约的服务项目填写"特殊重点旅客服务交接簿"，按照特殊重点旅客服务流程进行接送站服务。服务结束后，回复车间服务情况，进行销号。

2. 服务备品

服务台设立服务备品柜，内有胶带、胶棒、老花镜、剪刀、针线、放大镜、尼龙绳、条格纸、信封、小工具盒，方便旅客应急使用。旅客使用时，将使用情况进行记录。

3. 药品发放

爱心医疗室开启时间为 9:00—21:00。服务台设置医药箱，放置纱布、创可贴等常用爱心药品。旅客使用时，将使用情况进行记录。

4. 器具租借

提供担架、轮椅租用服务，旅客借用担架、轮椅时，收取旅客租金，在"器具租借台账"做好登记，旅客送回时，退还租金。

车站重点旅客服务场景如图 3-3-1 所示。

图 3-3-1 车站重点旅客服务场景

三、动车组列车重点旅客服务

（1）按规范设置无障碍卫生间、座椅、专用座席等设施设备，作用良好。发现旅客乘坐轮椅时，应引导其至残疾乘客专用区域，并协助旅客固定轮椅。

（2）对重点旅客做到"三知三有"（知座席、知到站、知困难，有登记、有服务、有交接），为有需求的特殊重点旅客联系到站提供担架、轮椅等辅助器具，及时办理站车交接。对视力残疾携带导盲犬的旅客，应检查相关证件并予以协助。在条件允许的情况下，尽可能安排其至较为宽敞的席位。如因更换席位出现票价差额，应提前征得旅客本人同意，并按规定处理票价差额。

（3）遇有重点旅客乘车，首先向同行人进行安全注意事项的介绍，无同行人的重点旅客，尽量将座位调整到距离车门、卫生间较近的位置，并及时向列车长汇报车内重点旅客情况。运行中主动询问旅客有何需求，引导、搀扶重点旅客使用服务设施。终到站前，提前妥善安排乘降。如始发站以重点旅客登车交接表的形式将重点旅客与车站进行交接，列车长应妥善安置，并指定乘务员重点做好照顾。列车终到站由列车长与车站客运值班员进行重点旅客的交接。

动车组列车重点旅客服务场景如图 3-3-2 所示。

图 3-3-2　动车组列车重点旅客服务场景

四、重点旅客服务沟通技巧

（一）儿童旅客服务沟通技巧

1. 儿童旅客群体特征

儿童性格活泼好动，天真幼稚，好奇心强，善于模仿，判断能力差，做事不计后果。鉴于儿童旅客的这些特点，高速铁路客运服务人员在服务时，尤其要注意防止安全事故的发生。

2. 儿童旅客服务标准

对乘车儿童重点关注，主动提示家长或同行成年人有关儿童乘车注意事项。发现儿童在车厢过道单独行走、打水、上厕所时，应主动询问并提供必要的帮助。发现儿童攀爬座椅、手扶门缝、触碰电茶炉和奔跑、吵闹，特别是在邻近值乘司机室车厢和区域吵闹、奔跑嬉戏时，应及时劝阻。可根据需要适当配置安全可靠的儿童玩具等，为儿童提供服务。

（1）开车后提示带儿童的旅客看管好儿童，不要在车内跑跳，并进行相关的安全提示。

（2）列车运行速度快，注意不要让儿童站在座椅、靠背、扶手上，以免摔倒、撞伤。

（3）为了保证儿童的安全，要叮嘱儿童不要触碰电茶炉、车门、灭火器等设备设施，不要将手伸进垃圾箱内。

（4）如发现家长忽视对儿童的看管，要及时引导儿童回到家长身边，再次叮嘱提示家长，以免发生意外。

（5）发现年龄较小儿童进入卫生间时，应提醒家长陪同。

3. 儿童旅客沟通要点

（1）语言沟通。

与儿童旅客沟通时，最明显的是口头交流，这种方式包含几个要素：措辞、语音语调以及嗓音的高低。

对于好奇、活泼、淘气的儿童旅客，不要对其进行训斥，应事先告诉其一些规定与要求。多赞美、少批评，给予他们行为或者心理的支持，赋予充分的理解、尊重、喜爱。

服务人员拿出玩具、儿童读物、糖果等给儿童旅客或者做简单游戏，减少他们的孤独感，给他们营造一种轻松自在的氛围，让他们有一种亲切的感觉。

（2）肢体语言沟通。

肢体语言沟通包括你和交流对象的身体接触，你的姿势、面部表情、触觉以及交流时的环境。不同于成人旅客，儿童旅客缺乏自我保护的能力，他们心智的不成熟与敏感使得服务人员在沟通时更需要注意动作对他们的影响。与儿童沟通时，服务人员面部表情、说话声音、肢体动作都要让他们感到很亲切，这样儿童就会慢慢接受服务。

（3）别要求眼神交流。

要求眼神交流实际上会阻碍儿童听你要说什么，进而破坏掉你们接下来的交流。儿童为了持续看着你的眼睛，不得不将注意力集中在这件事上，而与此同时听进去的便比较少了。儿童需要学会的是在放松的状态下和大人进行眼神交流，如果只是被命令要求，那么儿童很有可能只是看着你的眼睛，而听不到你在说什么。

（4）建立多感官联系。

与儿童沟通时，需要注意一个细节：沟通过程中，注重儿童的感受与体验。儿童对语言有了一定的感受与体验，才能够将语言所表达的道理或者概念等内化到内心，进而理解语言后面的含义。为了儿童能听进你说的话，有必要和他建立多感官的联系。比如在谈话前走近儿童，俯下身，温柔地将手放在儿童腿上、肩膀上或者背上。让儿童听你说话，让他感觉你，看着你，即便只是用余光看你。你传递的信息不仅是"听我说"，也是"我很在意你和这次沟通，我相信你能听进去"。这毫无疑问为接下来的沟通做好了准备。

（5）注意距离和姿势。

保持什么样的身体距离得根据各年龄段儿童的特点而定，一般而言，小一些的儿童喜欢保护式和略微亲近的方式；对于大一些的儿童则需要保持一点儿距离，他们开始在乎个人空间了；你的姿势也很重要，使儿童抬头仰望、高高在上的样子会让他们觉得没得到尊重，所以需要蹲下来或和他们坐在一起交谈。

（6）善用"道具"。

有些车站会设置一些儿童游乐区，供候车儿童玩耍。动车上也会准备一些专门为与儿童沟通使用的画笔、图画纸、玩具等，以缓解儿童乘坐动车时的无聊感。高速铁路客运服务人员要善于使用这些"道具"与儿童进行沟通。

（7）用心倾听。

倾听儿童说话时的态度会对你们的沟通产生巨大的影响。每当儿童跟服务人员说话时，服务人员应该尽可能放下手头的事情，全神贯注地听儿童讲话，这能让儿童觉得服务人员很愿意听他讲的话，儿童感到受到了尊重和鼓励，会很愿意说出自己心里的感受。

（8）细致询问并反复确认。

对于儿童旅客的服务沟通一定要仔细并复查。到站后还要确认儿童旅客的目的地和所有行李，并与车站工作人员做好交接工作，确保儿童旅客安全地回到亲人身边。

（9）善用家长监护人的沟通渠道。

提供餐食时要小心谨慎，一定要提前询问家长，儿童是否对某些食物有过敏现象和平时的饮食习惯。

（二）孕妇旅客服务沟通技巧

1. 孕妇旅客群体特征

（1）遇见危险情况，孕妇容易心情紧张、情绪激动，需要安抚。

（2）孕妇对气味或者颠簸比较敏感，可以多提供一个清洁袋、一块小毛巾、一杯温开水给旅客。

（3）低压、低氧、车内空间狭小等条件，容易使孕妇感到不适甚至诱发早产。

2. 孕妇旅客服务标准

（1）孕妇旅客上车时，客运服务人员要主动帮助其提拿、安放随身携带物品，客运服务人员在前方引导入座，注意调节通风口。

（2）应根据需要多提供清洁袋，并及时清理，随时给予照顾。

（3）下车时客运服务人员主动提拿行李，送至车门。

（4）旅行途中，关注孕妇旅客的情况，随时提供帮助。

3. 孕妇旅客沟通要点

（1）如果遇到孕妇即将分娩，尽量安排孕妇到与其他旅客分离的位置。迅速广播寻求医生、护士或年长女旅客的帮助。关闭孕妇座位上方的通风口、安抚孕妇的情绪，对所需工具进行消毒，准备大量的开水，利用现有的药物，与孕妇、医生商量安排分娩的工作。

（2）语气温和、亲切友好。关心孕妇身体状况，注意让孕妇休息，不要打扰。

（三）老年旅客服务沟通技巧

1. 老年旅客群体特征

人到老年，体力、精力开始衰退，生理的变化必然带来心理的变化。老年人在感觉方面比较迟钝，对周围事物反应缓慢，活动能力逐渐减退、动作缓慢、应变能力差。大多数老年人由于心境寂寞，孤独感逐步增加。尽管老年人嘴上不说，但他们内心还是需要别人的关心、帮助的。

（1）认知功能减弱。

老年人记忆力下降，容易忘事。视力、听力下降，容易误听、误解服务人员与他人谈话的意义，出现敏感、猜疑、偏执等状况。说话重复唠叨、再三叮嘱，总怕别人和自己一样忘事。抽象概括能力差，思维散漫，说话抓不住重点。

（2）活动能力减弱。

由于年龄原因，老年人体力、精力下降，动作缓慢，应变能力差，对周围事物反应缓慢，活动能力逐渐减退，行动及各项操作技能变得缓慢、迟疑、不协调，甚至笨拙。

（3）好强，自尊心强。

有些独立能力强的老年旅客（特别是外国旅客），一般不愿意别人为他提供特殊帮助，服务人员应掌握这些旅客的心理特点提供恰当的服务。

（4）具有怀旧情结。

老年人经历丰富，喜欢不断地去回忆和谈论自己一生中所取得的成就和荣誉。

2. 老年旅客服务标准

（1）上车时要主动帮助老年旅客提拿、安放随身携带物品，客运服务人员在前方引导入座。

（2）客运服务人员应主动向老年旅客介绍车厢服务设备、卫生间的位置。

（3）旅途中经常去看望老年旅客，主动问候，工作空余时多与他们交谈，消除老人的寂寞；需要饮水时，应送水到座位。

（4）如老年旅客需要用卫生间，应及时给予搀扶、引导。

（5）将要到达目的地时，提前提示老年旅客不要遗忘物品，到站主动搀扶下车，与接站人员做好交接。

3. 老年旅客沟通要点

（1）沟通时尊重老年旅客。讲话速度要放慢，声音要柔和，音量略大。经常主动关心、询问老年旅客需要什么帮助，洞悉并及时满足他们的心理需要，尽量消除他们的孤独感。

（2）沟通更注重耐心和主动。消除老年旅客可能产生的恐惧感，不能让他们有心理压力。主动介绍服务设备，如阅读灯的使用方法和邻近洗手间的位置；主动介绍供应的食品，尽量送热饮、软食。

（3）营造愉快放松的沟通氛围。旅途中，服务人员要主动、热情地向老年旅客打招呼，引导他们就座，帮助安排行李。帮助老年旅客调到喜欢看的节目。提供餐饮时，优先满足老年旅客的需要。

（4）多用口头提醒。对于需要帮助的老年旅客，服务人员应主动搀扶其上、下车，帮助提拿行李、找座位。关注老年旅客行走的安全，特别是对视力不好的老年旅客，上、下台阶还需要口头提醒。老年旅客若长时间久坐，下肢静脉血液回流不畅，脚会发麻，应提醒老年旅客起身活动；列车到达前，了解老年旅客后续的换乘、行李问题及是否需要轮椅等，解决他们的后顾之忧。

（四）病残旅客服务沟通技巧

1. 病残旅客群体特征

（1）视力障碍旅客。

孤独感是视力障碍旅客的普遍特点之一，这与残疾造成行动困难、自卑感、缺少帮助有关。身体障碍者情感比一般人丰富、敏感，且自尊心强，视力障碍者因缺少视觉感受，行动不便，平时多较文静，爱听音乐，听广播小说等，天长日久，大多数人形成内向的性格，情感不外露。

（2）听力与发声障碍旅客。

听觉的丧失给人的认识活动带来严重影响。由于得不到声音刺激，有听力障碍的人对复杂的环境的感知不够完整，在每一瞬间能够直接反映到他们大脑中的只是处于视野之内的东西。听力与发声障碍者缺少语言和语言思维，他们情绪不稳定，容易变化，破涕为笑、转怒为喜的情况比较多见，听力与发声障碍者的情感缺少含蓄性，很容易流露于外。

（3）使用轮椅、担架、拐杖的旅客。

由于身体患病或者肢体伤残，需要使用轮椅、担架、拐杖的旅客，特别在意别人谈起或者触碰自己残疾患病的部位，也不爱去麻烦别人帮助自己。乘务人员要了解这些旅客的特点，特别注意尊重他们，不要伤害旅客的自尊心，最好悄悄地帮助他们，让他们感到温暖。

2．视力障碍旅客服务标准

（1）乘务员应主动为视力障碍旅客提拿、安放随身携带物品，并引导安排其入座。

（2）向视力障碍旅客介绍车厢服务设备、卫生间的位置。

（3）旅途中经常去看望、主动问候视力障碍旅客；旅客需要饮水时，应送水到座位。

（4）如视力障碍旅客需要用卫生间应及时给予搀扶、引导。

（5）到站前及时提示障碍旅客做好下车准备，不要遗忘物品，并搀扶其下车，与接站人员或车站工作人员做好交接。

3．其他残疾旅客服务标准

（1）乘务员应主动介绍车厢服务设备、卫生间的位置，帮助残疾旅客将轮椅等用具放置到合适位置。

（2）旅途中经常去看望、主动问候残疾旅客；旅客需要饮水时，应送水到座位。

（3）如残疾旅客需要用卫生间，应及时给予搀扶、引导。

（4）到站前及时提示残疾旅客做好下车准备，不要遗忘物品，并搀扶其下车，与接站人员或车站工作人员做好交接。

4．患病旅客服务标准

（1）乘务员应主动帮助旅客调整合适的座席，便于同行人照顾。

（2）旅途中经常去看望、主动问候患病旅客，及时为旅客提供帮助。

（3）如旅客是精神病患者，应告知同行人注意事项，如遇旅客有异常情况，及时采取措施，防止伤害其他旅客。

（4）到站前及时提示旅客做好下车准备，不要遗忘物品，并搀扶其下车，与接站人员或车站工作人员做好交接。

5. 病残旅客沟通要点

（1）适当的语言沟通。

病残旅客由于自身问题，在乘车中多有不便之处。服务人员在解释问题的过程中，要有耐心，语气要缓慢，动作要谨慎，措辞也要十分注意。一定要尊重旅客的意愿，切实照顾到病残旅客的特殊之处。面对视力障碍旅客时，应注意语言表达，不得交谈关于眼睛的话题。面对听力与发声障碍旅客时，可多借用肢体语言、文字书面表达等，要注意客运广播的局限性，做必要的替代服务。

（2）善于发现和留心。

病残旅客因各自患病和残缺的部位不同，有些旅客的病残处我们一眼就能看出来，这时应立刻提供帮助，如四肢不健全的旅客。但有些旅客的病残处我们并不能立刻发现，如听力与发声障碍旅客，在外观上服务人员不容易马上发现，他们也不愿意别人发现自己的残缺。这对乘务服务工作提出了更高的要求。服务人员要用心去观察，去揣摩和分析旅客的诉求和意见。在服务过程中对于行事低调的病残旅客，服务人员要迅速地反应过来，然后不动声色地提供细致周到的服务，切不可歧视、嘲笑甚至模仿病残旅客。

（3）积极回应。

不一样的旅客需求不同，对之应采取不同的沟通方式。对病残旅客，服务人员尤其要学会倾听，不计较旅客的语气和表情，在倾听的过程中做出合适的语言和肢体回应，如"嗯""是""请继续"，并适时地点头、微笑。

（4）语言得当，鼓励引导。

病残人士一直生活在疾病的阴影与痛苦中，自卑和挫折感明显且容易反复。与其沟通时语言一定要朴实，切勿轻易许愿，或是给予其夸大的效果，否则会适得其反，加重他的挫折感，导致其对服务人员产生不信任感。

五、客运服务手语沟通

手语是用手势比量动作，根据手势的变化模拟形象或者音节以构成一定的意思或词语，它是听力障碍者互相交际和交流思想的一种语言，它是"有声语言的重要辅助工具"，而对于听力障碍者来说，它则是主要的交际工具。

手指语简称指语，它以手指指式代表拼音字母进行拼音，表达意思；是听力障碍者交往的一种语言工具。

手势语是用手的动作、面部表情、身体姿势来表达意思进行交际的一种语言表达形式。

在高速铁路客运服务中以亲切的笑脸、端庄的举止、专业的手语，为听力障碍旅客提供快捷的客运服务，既为旅客节省了宝贵时间，也用实际行动和微笑感染每一位旅客。

高速铁路客运服务手语沟通见表3-3-4、表3-3-5、表3-3-6、表3-3-7、表3-3-8和表3-3-9。（手语手势据GB/T 24435—2009制定。）

表 3-3-4　手语一："有去北京的火车票吗？"

汉语	手势	注释
有		一手伸拇指、食指，掌心向上，然后食指弯动两下
去		一手伸拇指、小指，由内向外移动
北京的		① 右手伸食指、中指，自左肩部斜划向右腰部。 ② 一手打手指字母"D"的指式
火车		左手食指、中指分开，指尖朝前；右手食指、中指弯曲，指背抵在左手食指、中指上，并向前移动，如火车行驶
票		双手拇指、食指张开，指尖相对，如车票宽度，由中间向两边微拉
吗		右手食指书空"？"号

表 3-3-5　手语二："我订两张硬座（软卧、硬卧）票。"

汉语	手势	注释
我		一手食指指自己
订		左手横伸；右手中指、无名指、小指指尖朝下在左手掌心上点一下
两张		① 一手食指、中指直立（横伸）。 ② 一手打手指字母"ZH"指式，自头的一侧向下划一下
硬座		① 左手伸出食指；右手拇指、食指捏住左手食指尖并扳动几下，但左手食指不弯曲。 ② 双手伸拇指、小指，先靠在一起，然后分别向两侧一顿一顿移动几下

续表

汉语	手势	注释
软 卧	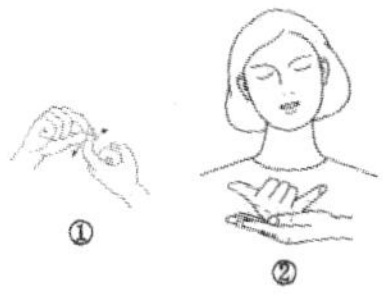	① 左手伸出食指；右手拇指、食指捏住左手食指，轻轻扳动几下，左手食指随之弯曲。 ② 左手横伸；右手伸拇指、小指，手背贴于左手掌心
硬 卧	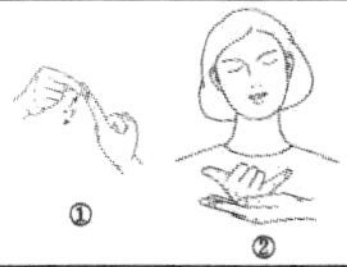	① 同"硬座"手势①。 ② 同"软卧"手势②。
票		双手拇指、食指张开，指尖相对，如车票宽度，由中间向两边微拉

表 3-3-6　手语三："请把身份证给我。"

汉语	手势	注释
请	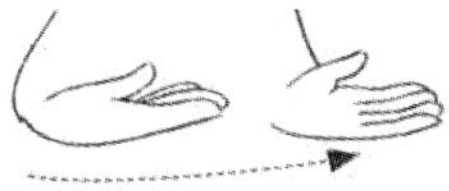	双手平伸，掌心向上，同时向一侧微移
把	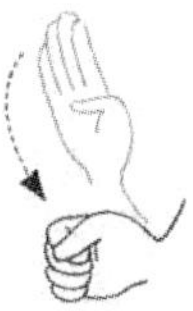	一手先打手指字母"B"的指式，然后变为握拳，并向下微移一下
身 份	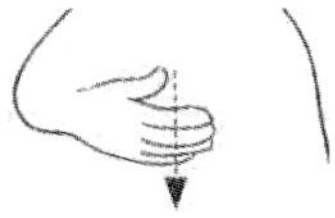	一手掌贴于胸部，并向下移动一下
证	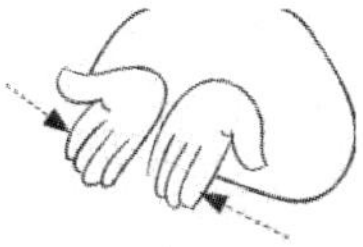	双手平伸，掌心向上，由两侧向中间移动，并互碰一下
残疾人证	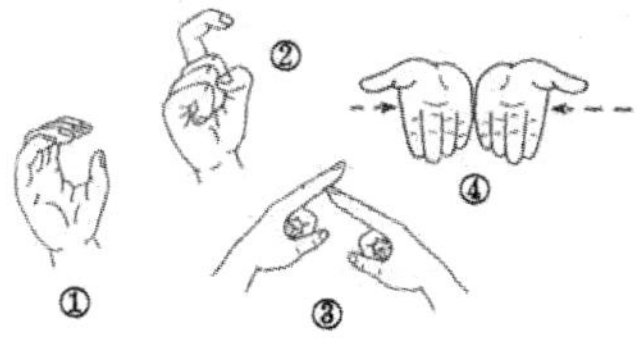	① 一手打手指字母"C"的指式。 ② 一手打手指字母"J"的指式。 ③ 双手食指搭成"人"字形。 ④ 同"证"手势
给		一手五指虚捏，掌心向上，边向外移动边张开手，如给别人东西
我		一手食指指自己

表 3-3-7　手语四："由于天气原因，火车晚点。"

汉语	手势	注　释
由于	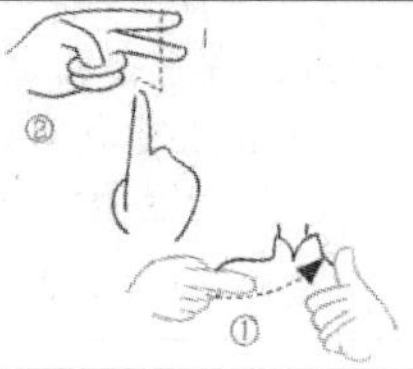	① 左手伸拇指；右手食指碰一下左手拇指尖。 ② 左手食指、中指横伸，右手食指在左手食、中指中间书空"J"，仿"于"字形
天气	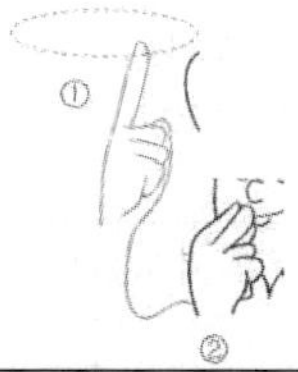	① 一手食指直立，在头前上方转动一圈。 ② 一手打手指字母"Q"的指式，指尖朝内置于鼻孔处
原因		① 一手拇指、食指捏成小圆形。"圆"与"原"同音、借代。 ② 一手食指书空"？"号
火车	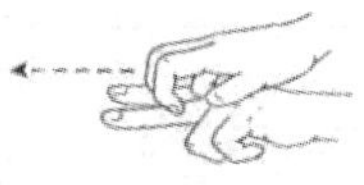	左手食指、中指分开，指尖朝前；右手食、中指弯曲，指背抵在左手食、中指上，并向前移动，如火车行驶
晚点	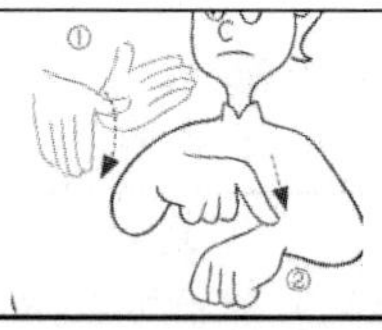	① 左手侧立，右手五指伸出，拇指尖抵于左手掌心，其他四指向下转动，表示时间已迟。 ② 左手横伸，五指虚握，手背向上，右手食指指一下左手腕部

表 3-3-8　手语五："请保管好自己的物品。"

汉语	手势	注　释
请	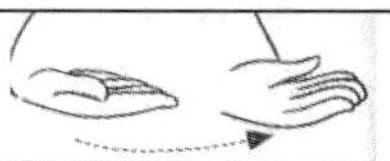	双手平伸，掌心向上，同时向一侧微移
保管好		① 双手斜伸，掌心向下按一下。 ② 右手掌拍一下左肩部。 ③ 右手伸出大拇指
自己的	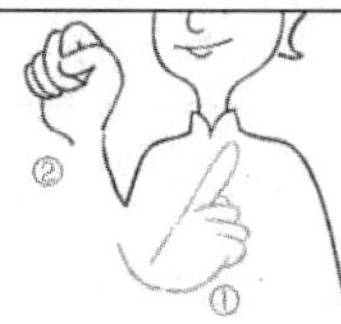	① 一手食指直立，贴于胸部。 ② 一手打手指字母"D"的指式
物品		① 双手伸食指，互碰一下，再向两侧移动并张开五指。 ② 双手拇指、食指捏成圆形，虎口朝内，左手在上不动，右手在下由左向右移动一下，仿"品"字形

表 3-3-9　手语六："请您站在黄线外面排队。"

汉语	手势	注释
请		双手掌心向上，在腰部向旁移，表示邀请之意
您		一手食指指向对方
站		左手横伸；右手食指、中指分开，指尖朝下，立于左手掌心上
在		左手横伸，右手伸出拇指、小指，由上而下移置在手掌心
黄		一手打手指字母"H"的指式，并摸摸脸颊。皮肤是黄色的，以此表示"黄"
线		双手拇指、食指指尖相捏，从中间向两旁拉开，如一条细线
外面		左手横伸，手背向外。右手伸食指，指尖向下，在左手背外向下指，表示外面
排队		双手张开，指尖向上，紧靠成一排，象征军队

任务训练

实训项目	高速铁路重点旅客服务沟通训练
实训目标	1. 使学生结合实际，加深对高速铁路重点旅客服务沟通的认识与理解。 2. 培养学生加强高速铁路重点旅客服务沟通的意识。
实训内容及组织	由教师组织，学生自愿组成小组，每组 6~8 人，选择以下题目进行高速铁路重点旅客服务沟通训练。 1. 与儿童旅客沟通。 2. 与病残旅客沟通。 3. 与老年旅客沟通。 4. 手语沟通。
实训考核	1. 每组提交一份分析报告。 2. 各组进行汇报。 3. 教师根据各组的分析报告与课堂汇报进行评估。

任务四　高速铁路投诉旅客沟通技巧

思政素质目标

具有良好的职业道德和职业素养；诚实守信、爱岗敬业；顾全大局，团结互助。

职业目标

能够运用沟通技巧做好高速铁路投诉旅客服务工作。

知识目标

掌握与高速铁路投诉旅客沟通的方法与要求。

相关知识

随着服务经济时代的到来，人们对服务的认识越来越深入。越来越多的旅客开始注重保护自身权益，他们在享受优质服务的同时，对服务的期望值也越来越高。对于不断提升服务形象的高速铁路运输企业而言，满足旅客日益增长的期望值越来越困难，有效地处理好旅客的投诉，把旅客的不满转化为旅客的满意，使他们保持对高速铁路的信任和喜爱，使高速铁路能在运输市场竞争中赢得优势，已成为高速铁路客运服务工作的重要内容之一。

一、高速铁路客运服务人员与不同性格旅客沟通的技巧

高速铁路客运服务人员的工作对象即客运服务中面对的对象，主要是指广大的旅客。为了更好地做好高速铁路客运服务工作，提高高速铁路客运服务质量，在处理投诉时可以根据旅客的不同性格特征，采取适当的方法进行沟通。

1. 急躁型旅客

急躁型旅客的性格特征是对人热情、感情外露、说话直率而快。这种类型的旅客容易激动，通常喜欢与人争论问题。他们对服务的评价易走极端。他们在旅行中较为粗心，遗失物品的情况也较多。

在沟通工作中，对于急躁型旅客，言谈要注意谦让，不要激怒他们，不要计较他们有时不顾后果的冲动言语。一旦出现矛盾，应当尽量回避。随时提醒他们注意带好随身行李物品。

2. 活泼型旅客

活泼型旅客的性格特征是活泼好动、反应快、理解力强。他们动作敏捷、灵活、多变。旅行中他们对人热情大方，喜欢与人交往和聊天，喜欢打听各种新闻。他们情感外露，并且变化多端，经常处于愉快的心境之中。

在服务工作中，对于活泼型旅客，同他们交往时，尽量满足他们爱讲话的需求。高速铁路客运服务人员应主动向他们介绍车站和列车设施，以及各地风光和特产，以满足他们喜欢交流的心理。

3. 稳重型旅客

稳重型旅客的性格特征是喜欢清静的环境，很少主动与他人交往，交谈起来很少滔滔不绝和大声说笑，情感很少外露，自制能力很强，做事总是不慌不忙，力求稳妥，很少打扰别人。他们反应比较慢，希望别人讲话慢些或重复几次，自己讲话也慢条斯理，显得深思熟虑。他们的注意力比较稳定，对新环境不易适应，但一旦适应了又对乘坐过的列车或打过交道的服务人员产生不舍之情。

在服务工作中，对于稳重型旅客，应当注意讲话的速度，重点内容适当重复一下。一般不要过多地与他们交谈。如需交谈，应尽量简单明了，不要滔滔不绝，以免他们反感。

4. 忧郁型旅客

忧郁型旅客的性格特征是感情很少向外流露，心里有事一般不愿对别人讲。旅行中表现为性情孤僻、不合群、沉默寡言，不喜欢在公共场合与人交往和聊天。这类旅客对事情体验深刻，自尊心强，很敏感，想象力丰富。他们在遇到困难或挫折时，会表现得非常痛苦，如丢失东西，或与人发生纠纷后会长时间不能平静。

在服务工作中，对于忧郁型旅客，应当十分尊重，与他们交流要清楚、明了、和蔼可亲。尽量少在他们面前谈话，绝对不要与他们开玩笑，以免产生误会和猜疑。当他们遗失物品、生病时，应当给予特别的关心和帮助，想办法安慰他们，使其感到温暖。

二、投诉及旅客投诉的概念

投诉是指权益被侵害者本人针对涉事组织、涉事人侵犯其合法权益的事实，向涉事组织、新闻媒体及有关国家机关主张自身权利。

旅客投诉是指旅客出行过程中，与高速铁路客运服务人员、运输设备设施、运输流程发生权益争议后，请求旅客权益保护组织调解，要求保护其合法权益的行为。

三、旅客投诉的处理

（一）投诉产生的原因

1. 铁路运输企业自身的原因

例如当旅客来车站购票乘车时，遇以下情况，极易产生旅客投诉。

（1）运能不足，无票可购（春运、暑运、黄金周期间）。

（2）售票窗口开设不足，造成旅客排长队，久候生怨。

（3）硬件设施的不足，例如自动售票机数量较少、售票窗口与旅客排队站立位置间的距离较远（支付时不方便）、话筒效果较差（导致售票员与旅客间产生误会从而导致投诉）。

2. 高速铁路客运服务人员的原因

旅客一般针对高速铁路客运服务人员的服务态度进行投诉。

（1）不负责任的行为。例如旅客咨询有无车票时，售票员不进行电脑查询，单凭主观印象来回答旅客；当旅客咨询列车时刻时，乘务员给旅客说个大概时间；不问清行李的归属，直接挪动，让旅客产生反感情绪。

（2）冷冰冰的服务态度。例如当旅客咨询相关问题时，高速铁路客运服务人员面无表情、语气生硬、动作粗鲁。

（3）爱理不理的接待方式。例如当旅客需要帮助时，高速铁路客运服务人员自顾自地做别的事，或将旅客的提问、要求置之不理，或"有一句没一句"地回答旅客的提问和要求。

（4）工作失误，不积极处理、纠正，甚至将过失强加于旅客。例如乘车日期、席别、到站发售错误，却让旅客自己去改签或退票；由于客运服务人员不熟悉乘务业务，给旅客的旅行造成不便，等等。

（5）与旅客发生争吵，遇纠纷时，出言不逊、不够礼貌、冷嘲热讽。

3. 旅客自身原因

（1）自身失误。例如旅客自己误购车票后，无法弥补过错，故意找碴刁难售票员，若工作人员处理不当就会产生投诉。

（2）情绪的发泄。旅客若在别的地方遭遇不公待遇，乘车时，若所提要求无法得到满足，极可能采取一系列的行动来发泄其不满情绪。例如通过投诉把自己的烦恼、怒气和怨气发泄出来，以维持其心理上的平衡。

（3）掩盖问题。例如旅客实施携带违禁品等不符合法律、法规规定的行为时，以投诉相威胁。

（二）处理投诉的方法

1. 做好接待旅客投诉的心理准备

（1）要有"旅客总是对的"的意识。

即使旅客错了，也要把"对"让给旅客，只有这样，才能减少与旅客的对抗情绪。

（2）理性看待投诉。

只要是服务行业，就无法避免遇到消费者的抱怨和投诉事件，即使是最优秀的服务企业，也不能保证永远不会受到投诉。在服务的过程中引起旅客投诉是正常的，因旅客投诉而引发恐惧感，是不成熟的表现。对旅客投诉必须有一个清醒的认识，这样才能更好、更有效地改进服务工作，提升服务质量。

对待旅客的投诉要以积极的心态面对，要懂得旅客的投诉能帮助我们提高服务质量，不断完善和改进我们的服务制度和措施。同时，旅客的投诉也能提高我们高速铁路客运服务人员处理问题、解决问题的能力。

（3）旅客投诉的心态。

① 求发泄型。

旅客遇到令人气愤的事，心有怨气，不吐不快，于是投诉。

② 求尊重型。

旅客投诉就是为了挽回面子，求得尊重，即使我们没有过错，旅客为显示自己的身份，在同行的朋友或旅客面前"表现"，也会投诉。

③ 求补偿型。

有些旅客无论对错或问题大小，都要进行投诉，其真实的目的并不在于解决问题本身，也不在于求得发泄和尊重，而在于求得补偿，尽管他可能一再强调"这并不是钱的问题"，但其真实目的还是要求赔偿。

2. 把握好处理投诉的原则

（1）旅客至上的原则。

接到旅客投诉，首先要站在旅客的立场上考虑问题，要有"应该是我们的工作没有做好，给旅客带来了麻烦"的心理准备。同时我们还要相信，旅客的正常投诉总有一定的理由，这是一个非常重要的服务观念。有了这种观念，高速铁路客运服务人员才能用平和的心态处理旅客的抱怨，并且会对旅客的正常投诉行为给予感谢。

旅客至上的原则，要求高速铁路客运服务人员对进行投诉的旅客施以最高的礼遇，不能有丝毫的怠慢和无礼。

（2）承担责任的原则。

很多高速铁路客运服务人员面对旅客投诉的第一反应是："我是不是真的错了？""如果旅客向上投诉，我应该怎么解释？"一旦有了这种想法和解决问题的习惯，高速铁路客运服务人员在接到旅客投诉时会把自己放在旅客的对立面。往往第一句话就会说："如果真是我的错，我一定改正并帮助您解决。"这看似很有礼貌，但却是一个十分糟糕的开头，因为这种说法将自己的角色定位在第三者，而不是代表当事人，同时也不利于缓和旅客激动的情绪。高速铁路客运服务人员必须清楚地认识到：旅客的投诉有时只是想从客运服务人员那里得到心理安慰，寻求受重视的感觉。

面对旅客投诉和不满情绪，高速铁路客运服务人员应首先向旅客道歉并表示愿意承担责任，表明了这种态度，旅客的气就已经消了一半了。

（3）隔离当事人的原则。

隔离当事人原则是指一旦遇到旅客投诉，要尽快做到"两个隔离"：一是将投诉人与身边的其他旅客隔离，以免旅客之间相互影响；二是将投诉人与被投诉人隔离，避免事态进一步恶化。隔离当事人最好的办法是将投诉人带到餐车、无人的软卧包厢或者其他的安静处所，这样一方面显得尊重投诉人，另一方面也能缓和投诉人的情绪。

通常来说，旅客投诉首先找到的是高速铁路客运服务人员，因此，高速铁路客运服务人员要视情况处理，如果旅客反映的情况不是很严重，要先自己解决。

（4）包容旅客的原则。

包容旅客，是指高速铁路客运服务人员对旅客的误解及无故的指责要给予理解的态度，包容旅客的核心是善意的理解。误解本身是一种错误的认识，只要给予旅客善意的理解，误解就会消除。然而，现实中误解的消除并不那么简单，如果高速铁路客运服务人员发现旅客对自己的看法是完全错误的，那么就有辩解和澄清的强烈要求，这种"自我保护"的心理，在双方交往过程中具有排斥和缺乏善意的特点，这也是导致误解上升为冲突的根本原因。

消除误解往往要经过解释、说明的过程才能完成。在高速铁路客运服务过程中，高速铁路客运服务人员作为提供服务的人员，体谅旅客是最起码的道德修养。旅客的投诉并不都是对的，"得理不饶人"的解决方法，必将造成双方关系的紧张，不利于问题的解决。如果高速铁路客运服务人员能够体谅旅客的误解，认为谁都会有错的时候，这样原先的怀疑和误解，以及由此而引起的冲突就能得到及时的解决。

（5）息事宁人的原则。

息事宁人的原则，是要求在处理旅客投诉的时候放弃一些自己的观点，避免将事情闹大。换句话说，息事宁人的实质是一种自我利益的牺牲和退让，是较高的道德修养和心理素质的一种表现。它有利于紧张状态的缓和，是避免激化矛盾的基本原则之一，但是，这种妥协并非是无原则的，应该是以不损害企业利益为前提的一种让步。

旅客在接受服务过程中的心理状态及需求是不一样的，这就要求我们在工作实践中不断总结和创新。在处理旅客投诉、建议的过程中，要因人、因时、因境制宜，采取不同的策略与技巧，从而不断提高服务质量，提升旅客满意度。

3. 接待投诉的规范要求

（1）进行自我介绍：如姓名、职务。

（2）保持冷静理智，设法消除旅客的怨气。例如当旅客满头大汗到窗口投诉时，可以马上请他到车站办公室或列车长办公席乘凉，有纸巾时可以适时地递给旅客擦擦汗水。如果旅客是电话投诉，那么就可以先问问旅客现在在哪里、是否需要帮助等。

（3）聚精会神地聆听旅客的投诉，让旅客把话说完，切勿胡乱解释或随便打断旅客的讲述。

（4）旅客讲话时，要表现出足够的耐心，绝不随旅客的情绪波动而波动。即使遇到一些故意挑剔、无理取闹的旅客，也不要大声争辩，而要耐心听取意见，以柔克刚，使事态不至于扩大或影响别的旅客。如果旅客在窗口投诉时发生吵闹或喧哗，应将该旅客与别的旅客分开，请其到别的地方进行沟通处理，以免影响其他旅客或造成围观。

（5）与旅客讲话时要注意语音的大小和语调的高低。

（6）在处理投诉时不必遵循微笑服务的原则，以免旅客认为我们是在"幸灾乐祸"。

（7）做好旅客投诉登记。如实记录投诉的内容，被投诉人或部门，旅客的姓名、联系电话，投诉的时间等内容，这样可以使旅客说话速度放慢，同时也使其感受到我们对他的投诉很重视，从而缓解旅客愤怒的情绪。

（8）对旅客的心情表示同情、理解，即使旅客反映的情况不完全属实，或者我们没有出错，也不要让旅客感觉不舒服或不愉快。应使旅客感觉受到尊重，从而减少对抗情绪。

（9）对旅客反映的问题要立即着手调查和处理，切勿轻易做出权利范围外的许诺。

4. 处理旅客投诉

（1）接纳投诉后，应做礼节性的道歉（当然也要视实际情况而定）。

（2）进行录像回放查询和实地调查，尽量在最短的时间内给旅客以明确的答复。

（3）处理比较严重的旅客投诉，还必须向上级领导汇报。

（4）投诉问题解决后，要向旅客询问其对处理结果是否满意，并要真诚地向旅客致谢，感谢旅客提出的宝贵意见。

（5）如果问题当天无法解决，要留下旅客的联系方式，等调查处理后给旅客一个满意的答复。

（三）处理投诉的技巧

处理投诉的总原则："先处理感情，后处理事件。"

1. 从倾听开始

倾听是解决问题的前提。在倾听旅客投诉时，我们不但要听他表达的内容，还要注意他的语调与音量，这有助于了解客户语言背后的内在情绪。同时，要通过解释与澄清确保真正了解了旅客的问题。我们听了旅客反映的情况后，根据自己的理解向旅客解释一遍，通过认真倾听，向旅客解释他所表达的意思并请教旅客我们的理解是否正确，向旅客显示我们对他的尊重及真诚地想了解问题的态度，同时也给旅客一个机会去重申他没有表达清楚的地方。

2. 认同客户的感受

旅客在投诉时会表现出烦恼、失望、泄气、愤怒等各种情感。我们不应把这些表现当作是对自己个人的不满。特别是当旅客发怒时，旅客只是把我们当成了倾听对象，旅客的情绪是完全有理由的，是理应得到重视和迅速、合理的解决的。要让旅客知道你非常理解他的心情，关心他的问题。我们只有与旅客的"世界"同步，才有可能真正了解他的问题，找到最合适的方式与他交流，从而为成功的处理奠定基础。说声"对不起""很抱歉"并不一定表明真的犯了错误，主要是表明你对旅客不愉快经历的遗憾与同情。不用担心旅客会因得到你的认可而越发强硬，表示认同的话会将旅客的思绪引向关注问题的解决。

3. 表示愿意提供帮助

当旅客正在关注问题的解决时，我们体贴地表示乐于提供帮助，自然会让旅客感到安全、有保障，从而进一步消除对立情绪，取而代之的是依赖感。问题澄清了，旅客的对立情绪也就消失了，我们接下来要做的就是为旅客提供解决方案。

4. 解决问题

（1）为旅客提供选择。

通常一个问题的解决方案都不是唯一的，给旅客提供选择会让旅客感觉受到尊重，同时，旅客选择的解决方案在实施的时候也会得到旅客的更多认可和配合。

（2）诚实地向旅客承诺。

能够及时地解决旅客的问题当然最好，但有些问题可能比较复杂或特殊，我们不确信该如何为旅客解决问题时，不要向旅客做任何承诺，而应诚实地告诉旅客情况有点特殊，自己会尽力帮助旅客寻找解决问题的方法，但需要一点时间，然后与旅客约定好回复的时间。一定要确保准时给旅客回复，即使到时仍未帮旅客解决问题，也要准时打电话向旅客解释处理的进展，说明自己所做的努力，并再次与旅客约定回复的时间。

（3）灵活处理。

在不违背相关规定的情况下，我们一定要积极为旅客着想，不要故意设置障碍。当事情无法处理时，要及时请示上级领导，尽量满足旅客的相关合理需求。

四、避免或减少投诉的措施

在工作中，处理投诉不是目的，而是要通过处理投诉，积累经验，避免今后产生类似投诉，或者减少类似投诉。

1. 强化高速铁路客运服务人员的教育培训

一是强化高速铁路客运服务人员"以旅客满意为中心"的服务意识教育。高速铁路客运服务人员要明白"让旅客满意"是铁路发展的生命线，是职工自身价值的体现。二是要强化高速铁路客运服务人员业务技能培训，提高服务质量。通过举办各种业务和服务技能培训班，提高职工业务能力和服务技巧。三是要开展各种劳动竞赛活动，激励各种优质服务人才，带动全体高速铁路客运服务人员提升服务质量（例如增设鼓励奖、委屈奖等奖项）。四是要落实作业标准和规范化服务，减少随意性，进而减少旅客的投诉量。

2. 全面提升服务水平

一是要加强市场调研，根据客流情况，不断提升服务质量，在运能上满足旅客的需要。二是充分发挥电话和网络的作用，多渠道为旅客提供服务信息。三是要加强宣传、引导，向旅客提供透明的铁路运行信息。特别是春运、暑运、节假日运输信息，以及列车大面积晚点、停运等非正常情况信息，对旅客进行宣传、引导显得尤为重要。四是车站、列车要为旅客提供一个优良、温馨、秩序良好的乘车环境，让旅客有宾至如归的感觉，从心理上消除旅客对车站、列车的对立情绪。五是高速铁路客运服务人员要严格执行服务作业标准和服务质量标准，热情、周到地为旅客服务。对重点旅客、弱势群体旅客、有特殊要求的旅客更应提供周到的服务。

3. 把投诉消灭在现场

一是在车站、列车上设置专门的旅客投诉席，能够让旅客在第一时间就能发现投诉的场所，方便旅客投诉。二是认真落实首问首诉负责制，现场每一名高速铁路客运服务人员，对所接手的每一件投诉都有责任处理好，直至旅客满意为止。三是尽量在现场及时解决旅客的投诉，避免因旅客不满意，造成投诉升级。四是对旅客投诉要进行统计分析，查找服务中的"短板"，着力改善相关问题，进而提高整体的服务水平。

旅客投诉为铁路提供了一次改正错误、重新赢得旅客满意的机会。认真对待旅客投诉，有助于从整体上提高铁路服务旅客的能力，全面提高旅客满意度。高速铁路客运服务人员在工作中，要时刻牢记"人民铁路为人民"的宗旨，认真执行作业标准，认真落实服务质量的有关要求，面带微笑，体现真诚，构筑起旅客信任铁路、选择铁路的桥梁。用自己的行为体现铁路人的真诚与自豪。

任务训练

实训项目	高速铁路投诉旅客沟通技巧训练
实训目标	1. 使学生结合实际，加深对高速铁路投诉旅客沟通技巧的认识与理解。 2. 培养学生加强高速铁路客运服务的意识。
实训内容及组织	由教师组织，学生自愿组成小组，每组 6~8 人，选择以下题目进行高速铁路投诉旅客沟通技巧训练。 1. 与不同性格的高速铁路旅客进行沟通。 2. 与高速铁路投诉旅客进行沟通。 3. 避免或减少投诉。
实训考核	1. 每组提交一份分析报告。 2. 各组进行汇报。 3. 教师根据各组的分析报告与课堂汇报进行评估。

复习思考题

1. 叙述班组沟通的重要性。
2. 叙述班组内部沟通的注意事项。
3. 叙述高速铁路客运服务组织外部沟通的含义。
4. 叙述高速铁路客运服务组织外部沟通的种类及技巧。
5. 叙述高速铁路儿童旅客的沟通技巧。
6. 叙述高速铁路伤残旅客沟通技巧。
7. 叙述高速铁路老年旅客沟通技巧。
8. 叙述不同性格的高速铁路旅客的沟通技巧。
9. 叙述高速铁路投诉旅客沟通技巧。

项目四 高速铁路车站客运服务沟通技巧

 项目描述

高速铁路车站是高速铁路系统中重要的基础设施，是旅客乘坐高速铁路列车旅行的必经之地，是旅客真实感受高速铁路客运服务的出入口。本项目主要介绍高速铁路电子客票售票、改签、退票服务沟通技巧，高速铁路车站客运作业沟通技巧和高速铁路车站应急服务沟通技巧。通过本项目的学习，学生应能掌握高速铁路客运站服务沟通的基本技能。

任务一 高速铁路电子客票服务沟通技巧

 思政素质目标

尊重劳动、热爱劳动；诚实守信、爱岗敬业，具有精益求精的工匠精神；顾全大局，团结互助。

 职业目标

能正确为旅客提供售票服务，正确运用售票服务沟通技巧。

 知识目标

掌握高速铁路客运站票务服务的基本程序和沟通技巧。

 相关知识

车票是铁路旅客运输合同的基本凭证，因此票务服务沟通是车站为旅客服务的前沿阵地。虽然售票时售票员与旅客只有几句简单的问答和几个简单的动作，但也要讲究售票艺术和服务沟通技巧。

一、车站售票员岗位职责

（1）严格落实首问首诉负责制，耐心解答旅客问询，为旅客办理重点旅客等相关服务。

（2）在客运值班员的领导下，根据旅客需求按规定发售车票，按规定办理售票相关业务。迅速、准确发售（改签）车票，正确办理退票相关业务。

（3）正确、熟练操作售票设备，按规定做好对售票设备的检查，发生故障及时报修。

（4）坚持全面服务、重点照顾，做好重点旅客售票服务工作，热情帮助旅客解决困难，做到解答耐心，用语规范，使用十字文明用语。

（5）认真使用旅客服务评价系统，保证使用率。

（6）严格按规定做好票据请领、保管、使用工作。

（7）严格执行交接制度，妥善保管票据、现金，正确结算账目，规范填写有关报表，做到票、款、账相符。

（8）严格落实先交款再看账制度。

（9）按规定填写各种票据单据，做到正确、清楚、无涂改。

（10）熟练掌握非正常情况下应急售票流程，能够及时妥善地处理本岗位的突发情况。

（11）负责保持本岗位作业区域的卫生环境。

二、电子客票售票服务

（一）电子客票现金售票服务

（1）问清旅客乘车日期、车次、到站、票种、张数、席别。

（2）输入乘车日期、车次、到站、票种、张数、席别，告知旅客票价。

（3）与旅客核对购票信息无误后，收取旅客购票款额，认真清点，向旅客唱收票款，收取旅客有效身份证件。

（4）通过身份证识读设备读取或手工输入旅客证件信息，票款输入微机实收款栏，打印旅客"行程信息提示"。

（5）核对"行程信息提示"内容是否正确、完整，找零款是否正确。

（6）确认无误后，将旅客"行程信息提示"、证件、找零款一并递交旅客，并唱付找零款。遇到非本站乘车列车进行重点提示。

（7）旅客无法提供有效身份证件购票时，请旅客持一英寸照片到公安制证口，按照相关要求提供证明，办理临时身份证。

现金制票步骤：进入售票界面→F1 输入乘车日期→F2 输入车次→F3 输入发站→F4 输入到站→F5 选择票种（左右键切换）→F5 输入张数（数字键）→选择席别（数字、字母键）→Alt+N 制票（回车+空格）→F7 刷或手工输入有效身份证件号码、姓名→打印旅客"行程信息提示"。

（8）学生票制票步骤。

进入售票界面→F1 输入乘车日期→F2 输入车次→F3 输入发站→F4 输入到站→F5 选择票种（学）→F5 输入张数（数字键）→选择席别（数字、字母键）→核对学生证（区间等）→将学生证放在学生读卡器刷卡→Alt+N 制票（回车+空格）→F7 刷或手工输入有效身份证件号码、姓名→打印旅客"行程信息提示"。

（9）军残票制票步骤。

进入售票界面→F1 输入乘车日期→F2 输入车次→F3 输入发站→F4 输入到站→F5 选择票种（残）→F5 输入张数（数字键）→选择席别（数字、字母键）→核对军残证（中华人民共和国残疾军人证、中华人民共和国伤残人民警察证)→将军残证放在读卡器刷卡→Alt+N 制票(回车+空格)→F7 刷或手工输入有效身份证件号码、姓名→打印旅客"行程信息提示"。

优惠资质采集界面如图 4-1-1 所示。

图 4-1-1　优惠资质采集界面

(10)儿童票制票步骤。

进入售票界面→F1 输入乘车日期→F2 输入车次→F3 输入发站→F4 输入到站→F5 选择票种(孩、单)→F5 输入张数(数字键)→选择席别(数字、字母键)→Alt+N 制票(回车+空格)→F7 刷或手工输入有效身份证件号码、姓名→打印旅客"行程信息提示"。

(11)售同席孩票流程。

申请相应的卧铺席位→按 F9 键将光标切换到已取得的卧铺席位上→用↑↓键将光标移至某条卧铺交易记录→按快捷键 Alt+H 或通过菜单选择售同席孩票→取票→收款→打印旅客"行程信息提示"。

(二)电子客票银行卡售票服务

(1)问清旅客乘车日期、车次、到站、票种、张数、席别。

(2)输入乘车日期、车次、到站、票种、张数、席别,告知旅客票价。

(3)与旅客核对购票信息无误后,收取旅客银行卡及有效身份证件。

(4)通过身份证识读设备读取或手工输入旅客证件信息,在支付界面选择扣款。

(5)在 POS 机上刷卡操作,核对银行卡号,请旅客输入密码,扣款成功后,请旅客在 POS 凭条(第一联)上签字。

(6)核对票面信息是否正确、完整。

(7)确认无误后,凭条的商户存根联留存,另一联与证件及银行卡一并递交给旅客,同时唱报车票发到站、张数、席别,遇到非本站乘车列车进行重点提示。

(8)旅客无法提供有效身份证件购票时,请旅客到公安制证口,按照相关要求提供证明,办理临时身份证。

操作步骤：进入售票界面→F1输入乘车日期→F2输入车次→F3输入发站→F4输入到站→F5选择票种（左右键切换）→F5输入张数（数字键）→选择席别（数字、字母键）→Ctrl+4切换到银行卡界面→F7刷或手工输入有效身份证件号码、姓名后按回车键→确认信息无误后按Alt+S确认→在POS机刷银行卡→旅客输入密码→打印两联凭条→商务联交旅客签字留存→按回车或者空格制票→核查票面信息（是否有无银行卡标记）→将银行卡、持卡人存根联凭条、证件等交旅客。

（三）电子客票支付宝微信售票服务

（1）问清旅客乘车日期、车次、到站、票种、张数、席别。

（2）输入乘车日期、车次、到站、票种、张数、席别，告知旅客票价。

（3）与旅客核对购票信息无误后，收取旅客有效身份证件。

（4）通过身份证识读设备读取或手工输入旅客证件信息，选择支付宝（或微信）界面选择扣款。

（5）与旅客核对购票信息无误后，请旅客用手机支付宝软件扫描支付二维码（或手机微信软件扫描支付二维码），输入金额确认，扣款成功后，请旅客在POS凭条（第一联）上签字。

（6）核对票面信息是否正确、完整。

（7）确认无误后，凭条的商户存根联留存，另一联与证件一并递交给旅客，同时唱报车票发到站、张数、席别，遇到非本站乘车列车进行重点提示。

（8）旅客无法提供有效身份证件购票时，请旅客持一英寸照片到公安制证口，按照相关要求提供证明，办理临时身份证。

操作步骤：进入售票界面→F1输入乘车日期→F2输入车次→F3输入发站→F4输入到站→F5选择票种（左右键切换）→F5输入张数（数字键）→选择席别（数字、字母键）→Ctrl+4切换到支付宝界面→F7刷或手工输入有效身份证件号码、姓名后按回车键→确认信息无误后按Alt+S确认→旅客扫二维码支付→打印两联凭条→其中一联交旅客签字留存→按回车或者空格制票→核查票面信息（是否有支付宝标记或微信标记）→将存根联凭条、证件等交旅客。

（四）乘意险业务

1. 发　售

（1）询问旅客是否购买乘意险。

（2）输入旅客乘意险相关信息，要求旅客确认购保。

（3）打印乘意险保单、发放乘意险发票并要求旅客进行核对，并说明相关注意事项。

2. 取　保

（1）按证件、票面信息、保单号三种方式查询保单信息，核对保险、票面、证件信息是否一致。

（2）确认无误后，为旅客领取乘意险发票，并将相关情况对旅客说明。

3. 提　示

（1）窗口不办理免费携带儿童赠保业务；若旅客为儿童购保，需提供乘车儿童的有效身份证件或复印件，售票员须录入儿童本人的证件号和姓名。

（2）孩票均视为购买未成年人保险，二代证根据被保险人证件号调整保险类型，其他证件类型由操作员人工确认后，切换保险类型。

（3）窗口收取保费采用现金方式。

售保流程：售票界面Alt+G→切换到单独售保界面→F7刷或手工输入有效身份证件号码、姓名后按回车键→F1扫码或者输入21位码→Alt+S确认售保→由旅客确认无误按乘意险支付"确认"键→制保单和发票→收取保费→将保险交旅客。

（五）报销凭证

旅客如需报销凭证，可于开车前或乘车日期之日起30日内，凭购票时所使用的有效身份证件原件，到车站售票窗口换取报销凭证，超过30日时通过铁路12306客服办理。"行程信息提示"和报销凭证不能作为乘车凭证使用。

三、12306网站注册用户服务

（一）持二代居民身份证的注册用户

持二代居民身份证的注册用户和常用联系人（乘车人），经国家身份认证权威部门进行身份信息核验后，有以下三种状态。

1."已通过"

指注册用户、常用联系人（乘车人）的身份信息已经通过核验，其中姓名、证件类型和证件号码三项身份信息不可修改。

2."待核验"

指注册用户、常用联系人（乘车人）的身份信息未经核验，需持二代居民身份证原件到车站售票窗口或铁路客票代售点办理核验。

3."未通过"

指注册用户、常用联系人（乘车人）的身份信息经过核验但未通过。

（二）持护照、港澳居民来往内地通行证、台湾居民来往大陆通行证的注册用户

持护照、港澳居民来往内地通行证、台湾居民来往大陆通行证的注册用户和常用联系人（乘车人），经国家身份认证权威部门进行身份信息核验后，有以下四种状态。

1."已通过"

指注册用户、常用联系人（乘车人）的身份信息已经通过核验，其中国籍、姓名、证件类型和证件号码四项身份信息不可修改。

2."请报验"

指注册用户、常用联系人（乘车人）的身份信息未经核验，需持在本网站填写的有效身份证件原件到车站售票窗口办理预核验。

3. "预通过"

指注册用户、常用联系人（乘车人）的身份信息已经通过车站售票窗口预核验，其中国籍、姓名、证件类型和证件号码四项身份信息不可修改。

4. "未通过"

指注册用户、常用联系人（乘车人）的身份信息经过核验但未通过。

四、改签和退票服务

旅客使用电子支付方式通过车站售票窗口、自动售/取票机、铁路代售点和12306网站购买的铁路电子客票，均可通过12306网站或车站指定窗口办理改签、退票手续，在12306网站注册且通过手机App成功完成人脸身份核验的旅客，也可通过12306网站办理其他人使用电子支付方式通过车站售票窗口、自动售/取票机、铁路代售点和12306网站为其购买的电子客票改签、退票手续，但已打印报销凭证的旅客，应到车站指定窗口按规定办理。已打印报销凭证的铁路电子客票办理改签、退票手续时，须收回报销凭证。

旅客使用现金方式购买的铁路电子客票，须到车站指定窗口办理改签、退票手续。

旅客办理铁路电子客票改签后，可重新打印"行程信息提示"。

五、售票服务沟通技巧

（一）非语言沟通

1. 仪容仪表

整体要求：仪容整洁，上岗着装统一，干净平整。

（1）头发要求。

整体要求：头发干净整齐、颜色自然，不理奇异发型、不剃光头。

男士要求：男性两侧鬓角不得超过耳垂底部，后部不长于衬衣领，不遮盖眉毛、耳朵，不烫发，不留胡须。

女士要求：女性发不过肩，刘海长不遮眉，短发不短于7厘米。

（2）妆容要求。

身体外露部位无文身，女性淡妆上岗，保持妆容美观，不浓妆艳抹，不染彩色指甲。

（3）手部要求。

双手保持清洁，指甲修剪整齐，长度不超过指尖2毫米。

（4）服装配饰要求。

服装要求：换装统一，衣扣拉链整齐。系领带时，衬衣束在裙子或裤子内。外露的皮带为黑色。不歪戴帽子，不挽袖子和卷裤脚，不敞胸露怀。售票员可不戴制帽。

配饰要求：佩戴的外露饰物款式简洁，限手表一只、戒指一枚，女性还可佩戴发夹、发箍或头花及一副直径不超过3毫米的耳钉。

2. 礼仪沟通

（1）面部表情。

眼神和蔼有神，亲切自然；微笑时真诚、善意，充满爱心。

（2）递物、接物礼仪。

递给旅客物品或接过旅客递来的物品时，用双手奉上或接受，不允许漫不经心地扔或单手接取。

（二）语言沟通

服务语言要求：使用普通话，表达准确，口齿清晰。对旅客称呼恰当，统称为"旅客们""各位旅客""旅客朋友"，单独称"先生、女士、小朋友、同志"等。使用十字文明用语"请、您好、谢谢、对不起、再见"。旅客问讯时，目视旅客，有问必答，回答准确，解释耐心。

1. 售票时

"您好，请问您到哪里？""您需要的是×月×日×点×分开往××方向的×张车票，票价××元。""请问是要几点的列车，您有具体车次吗？""对不起，您这一趟列车车票卖完了。""今天去××站的最晚一趟车是××次列车，这趟列车××：××开车，现在还有票。""请打开支付宝（微信），扫描二维码，支付成功后请把手机转过来，让我看一下确认提示。""收您×元，找您×元，请您点清零款，拿好信息单和身份证件，再见。"

"全"指旅客全价票。

"孩"指小孩儿童票。

"学"指学生优惠票，凭学生相关证明购买。

"军"指伤残军警半价票，凭"中华人民共和国残疾军人证"和"中华人民共和国伤残人民警察证"证件购买。

"免"指铁路职工免票，凭铁路职工工作证、乘车证购买。

"探"指铁路职工探亲票，凭铁路职工工作证、乘车证、探亲证明购买。

"单"指免费小孩单独使用卧铺时购买。

"集"指团体车票，票面上有"团"字样。

"团"指团体优惠票，票面打印零票价，票面有"团""优"字样。

2. 办理改签时

"请问改签到几号几点（几次）列车。""抱歉，距离开车前48小时内再办理改签，只能改到不迟于原票发车日期24:00前的列车，不能改到再往后的日期了。"

3. 售票窗口拥挤时

"请大家按顺序排好队，不要拥挤。""请旅客们分散到×、×、×窗口。"

4. 旅客买票排错队时

"对不起，请到××窗口排队购票。"

5. 误售车票时

"对不起,请稍等,马上更正。"

 任务训练

实训项目	高速铁路电子客票服务沟通技巧训练
实训目标	1. 使学生结合实际,加深对高速铁路电子客票服务沟通技巧的认识与理解。 2. 培养学生电子客票服务沟通技巧学习的兴趣。
实训内容及组织	由教师组织,学生自愿组成小组,每组 6~8 人,选择以下题目进行电子客票服务沟通技巧训练。 1. 为旅客在 12306 网站注册服务。 2. 现金售票服务。 3. 第三方支付工具售票服务。 4. 售票服务语言沟通。
实训考核	1. 每组提交一份实训报告。 2. 各组进行汇报。 3. 教师根据各组的实训报告与课堂汇报进行评估。

任务二 高速铁路车站客运作业沟通技巧

 思政素质目标

尊重劳动、热爱劳动;诚实守信、爱岗敬业,具有精益求精的工匠精神;顾全大局,团结互助。

 职业目标

能与旅客进行高速铁路车站客运作业服务沟通。

 知识目标

掌握高速铁路车站客运组织作业服务沟通内容。

 相关知识

高速铁路车站的主要作用是组织旅客安全乘降和迅速集散,保证旅客能迅速方便地办理一切旅行手续,并为旅客提供舒适的候车环境和良好的文化生活服务。高速铁路车站是高速铁路运输组织工作的基层单位,是高速铁路提供客运服务的主要场所之一,是高速铁路与旅客间的纽带,是旅客运输的始发、中转和终到作业的地点。高速铁路车站的服务质量、作业水平是旅客评价铁路运输的重要窗口,代表了铁路的信誉和形象。

高速铁路车站如图 4-2-1 所示。

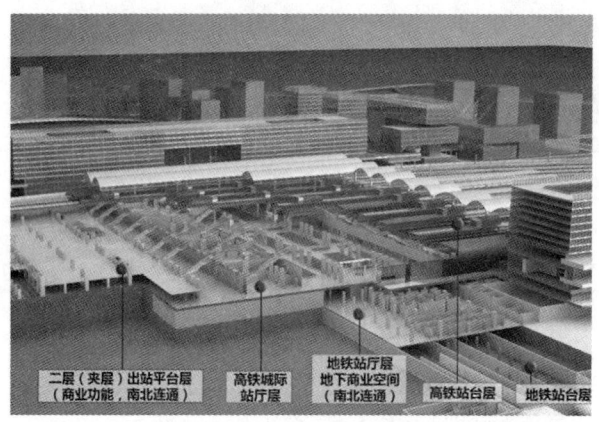

图 4-2-1　高速铁路车站

一、扶梯监护服务

（一）扶梯监护岗位职责

（1）严格遵守规章制度，按时参加点名会，及时到岗到位，不准迟到、早退，不得擅离岗位。

（2）负责扶梯运行状态的监控，加强对扶梯的巡视检查，发现扶梯运行异常及时通报值班站长。

（3）正确提示乘梯旅客安全乘梯事项。

（4）遇老、幼、病、残、孕重点旅客乘梯时，要主动帮扶，引导乘坐直升电梯，并重点进行安全提示。

（5）客流较大时，必须进行疏散宣传，入口处必须进行分流，杜绝集中乘坐一部扶梯，每部扶梯要分散站位，避免旅客集中。

（6）遇扶梯临时发生故障，必须立即通知值班站长，并引导扶梯上的旅客进行安全疏散，同时安排专人看守并设置防护，等待厂家维保人员到达现场维修。

（7）遇有旅客乘梯期间发生绊倒摔伤，要及时关闭扶梯，并采取措施救护。

（8）遇有旅客携带大件行李及行李箱等易滑落的行李时，引导旅客乘坐直升电梯，不听劝阻者，做好安全提示，并做好监视。

（9）值岗期间，如果旅客携带的手提箱、拉杆箱等掉落的滑轮、铆钉、螺丝以及衣服纽扣等异物卡在扶梯上时，首先确认扶梯上无乘梯旅客，随后关闭扶梯，并通知值班员，及时通知扶梯维保人员清除电梯异物。

（10）作业中使用文明用语，加强安全提示宣传。

（二）扶梯监护岗位服务工作

1. 到　岗

按列车预报提前到岗，检查手持终端、扶梯、语音提示器状态。

2. 扶梯监护

及时到岗，检查扶梯运行情况、检查扶梯语音提示器是否正常使用。立岗防护，对老、幼、病、残、孕及携带较大行李的旅客引导乘坐直升电梯；严禁幼儿自己乘坐扶梯，必须有大人陪同；严禁赤脚者乘坐扶梯。接待旅客问询。解答旅客提出的购票、候车、进站、上车、及中转换乘等旅行相关方面的问题。遇有疑难问题时与值班员联系后给出解答。旅客问询时，面向旅客站立，目视旅客，有问必答，遇有失误，向旅客表示歉意。发生扶梯运行异常或乘坐扶梯旅客发生意外，立即关闭扶梯，做好防护，引导其他旅客乘坐其他扶梯，通过电台通知值班员到现场。

3. 质量标准

扶梯无异音，扶梯语音提示器音量适宜，设备设施作用良好。使用文明用语，宣传防护到位。解答耐心，准确无误，落实首问负责制。扶梯出现异常时，关闭扶梯及时，防护到位。

二、商务候车室服务

（一）商务候车室岗位职责

（1）在客运值班员的领导下，服从命令，听从指挥，负责本岗位工作。
（2）使用文明用语，解答旅客问询准确、耐心，接听电话及时，用语规范。
（3）保持岗位卫生整洁，服务用具及时清洗、消毒。
（4）做好客运车站的重点旅客接待工作。要热情接待，讲究礼仪。
（5）对涉外旅客要举止大方，热情友好，细心周到，以礼相待，不卑不亢，尊重旅客的风俗习惯和宗教信仰。
（6）严格执行商务候车室的管理、使用、安全制度，旅客来前走后要及时整理，发现遗失物品及时交还或与有关部门联系，防止无关人员随意进入。
（7）准确掌握本站列车时刻，及时通告商务候车室的旅客，必要时可以引导进站。
（8）正确处理问事服务过程中出现的各种问题，及时向上级汇报，与其他工种人员协调配合，保证运输生产任务的完成。

（二）商务候车室服务工作

1. 接待服务

商务候车室接待各级领导及重点旅客。

2. 商务候车室服务

提前检查照明设备是否良好，检查卫生间备品是否齐全，备好开水，打开商务候车室大门通风，做好接待准备工作。商务候车室人员及时为来访者送上茶水，每间隔20分钟倒水一次，坚守岗位，做好服务工作。

3. 质量标准

微笑服务，大方得体，使用文明用语，掌握列车运行情况。

三、检票组织服务

(一)自动检票系统

自动检票系统由集成管理平台获取检票车次、检票时间、候车室、检票口、检票闸机等信息,自动生成检票计划,并下发到相应的检票闸机。闸机检票车次、开始检票和停止检票指令会与综合显示和广播终端发布的信息相吻合。

自动检票管理系统及闸机如图 4-2-2 所示。

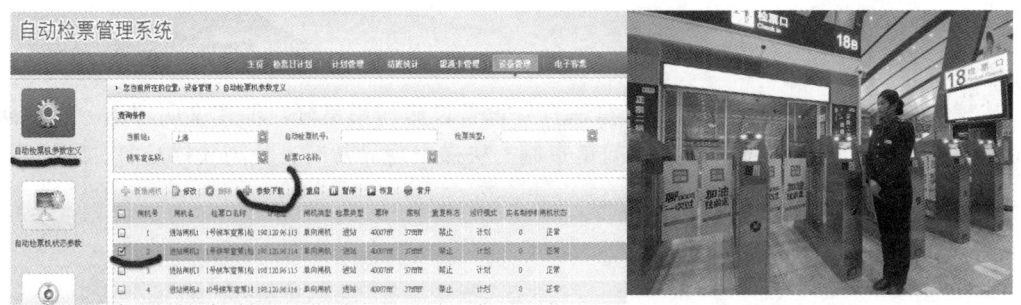

图 4-2-2　自动检票管理系统及闸机

1. 持电子客票乘车二维码过闸

在 12306 网站(含手机 App)注册用户且通过手机 App 成功完成人脸身份核验的旅客,可凭 12306 手机 App 生成的动态二维码,直接通过自助闸机办理进出站检票手续(如图 4-2-3 所示)。

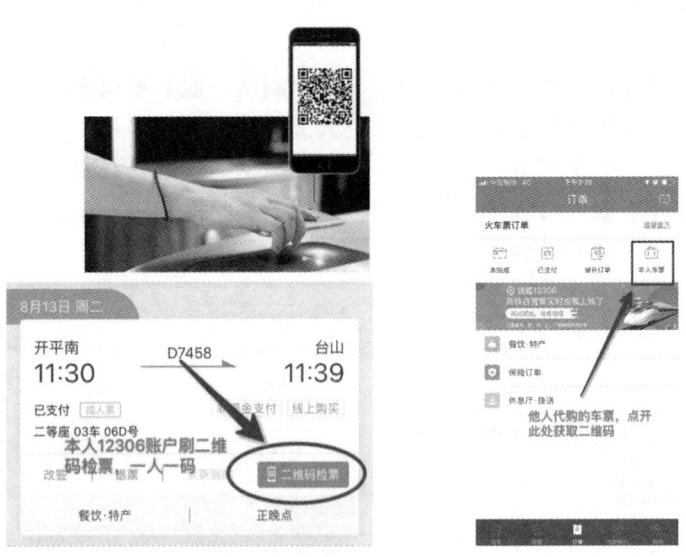

图 4-2-3　电子客票二维码过闸

2. 持有效身份证件过闸

使用可自动识读证件购票的旅客,凭购票时所使用的乘车人有效身份证件原件,通过自助闸机办理进站手续(如图 4-2-4 所示)。

图 4-2-4　有效身份证件过闸

检票进站时，有效身份证件或二维码，只需要使用其中一种即可，但车票查验时应出示有效身份证件。

（二）检票岗位职责

（1）在值班员的领导下落实上级要求，对班前安全、服务工作预想要落实到位，避免发生安全问题。

（2）安全有序引导旅客进站上车，及时清理候车大厅坐卧等闲杂人员，做好大厅流动巡视，做好候车、检票、进站的乘降组织和宣传，为重点旅客解决困难。

（3）熟练掌握客运非正常情况下的应急预案，协助值班员做好突发事件的应急处置。

（4）负责本岗位网格化区域设备巡视检查，确保设备设施运用状态良好。

（5）负责本岗位作业、安全、服务、卫生等日常工作。

（6）负责自动扶梯安全宣传工作。

（三）检票服务工作

1. 到　岗

开车前 30 分钟，检票口客运员携带手持终端、喇叭或腰麦，佩戴音视频记录仪，在检票前到达指定检票口。

2. 检　查

检票口客运人员到岗后核查进站闸机、显示屏或检票通道等候乘信息（如：列车车次、运行区间、到开时刻、停靠站台等）、设备设施状态，发现信息有误或显示不全，及时汇报处置。

3. 宣　传

（1）宣传检票车次、到站、检票闸机使用方法及乘车站台。

组织旅客排队，主动挑出重点旅客。引导持身份证以外有效证件的旅客在人工口等候，组织重点旅客（老、幼、病、残、孕及带小孩的旅客）在半自助闸机口前等待检票等。

（2）乘车宣传。

按规范的广播词用语向旅客宣传防滑、防随车奔跑、防坠落等方面的安全须知。

（3）乘梯宣传。

作业期间使用便携式喇叭向旅客不间断宣传乘梯安全要求。

4. 检 票

列车检票开始前，检票口客运员与站台客运员检查显示屏幕信息是否正确，确认检票车次具备检票条件，使用手持终端互控后，方可开始检票。停止检票后，及时关闭半自助闸机通道，防止旅客强行进站。杜绝接送站人员上车，与相关岗位做好安全互控及信息通报工作。

（1）一般检票作业。

按照先重点、后团体、再一般旅客的顺序进行。对需要特殊照顾的重点旅客与站台客运员办理交接。客运人员站在靠近人工口处，组织引导持身份证的旅客通过自动检票机检票进站，组织引导持其他有效证件的旅客通过半自助闸机检票进站。持减价票旅客通过闸机时，根据闸机提示，核对旅客减价凭证。发现因错误使用闸机报警，立即帮助旅客处理通过。自动闸机故障时，立即处理，并引导旅客通过其他闸机或半自助闸机进站。全部故障时，改为手持检票机检票进站。检票过程中，间隔2分钟进行一次宣传，引导后续旅客检票，提示候车室内候车旅客注意检票车次、时间，防止旅客耽误乘车。

（2）晚点列车的检票作业。

按照客运值班员要求，加强广播宣传组织，并适时采取预检、压队等措施，同时稳定旅客情绪。根据客流变化及时汇报，做好宣传解释。

（3）复兴号列车检票作业。

严格落实查验制度，杜绝无票及未签证公免人员乘车，杜绝列车超员。

5. 停 检

列车开车前12分钟停止检票，与站台联系确认。

6. 温馨服务

（1）作业全程严格落实温馨服务，用语规范，称呼恰当，重点旅客重点照顾。

（2）对需要特殊照顾的重点旅客要做好候车服务，并与站台客运员使用手持终端做好交接。

（3）宣传组织旅客排队有序，主动挑出重点旅客，优先安排人工口检票。

7. 锁 门

停检确认无乘车旅客后，关闭半自助闸机口，引导来晚旅客到售票处办理车票改签、退票手续。

8. 盯 岗

候车室无检票作业时，定时对商务候车室进行巡视，对候车区域进行巡视，耐心回答旅客提出的问题。

四、站台服务组织工作

1. 站车交接服务

包括旅客遗失物品、重点旅客服务、乘降信息、应急处置等需要交接的事项。

2. 安全防护服务

包括电梯口、天桥口、地道口、安全白线、站台端部的防护，站台线路清理、旅客按车厢引导工作、出站旅客引导工作、站台面其他作业的监控等。

3. 联控作业

与检票口联控开检停检，与上水、吸污等联控作业完毕，与列车联控关闭车门等。车站确认列车旅客乘降、上水、吸污和高铁快运、餐车物品装卸作业完毕后，使用无线对讲设备通知列车长与客运有关的作业已经完毕。在突发情况下，与动车组司机的联控作业是联控作业的核心环节，是防止事故险情发生的最后一道环节。

4. 重点旅客服务

工作人员会提供主动服务、联程服务，实行首帮负责制。同时，车站接受旅客投诉，主动化解旅客矛盾，实行首诉负责制。

站台服务组织工作如图 4-2-5 所示。

图 4-2-5　站台服务组织

五、出站服务组织工作

车站出站组织工作包括出站旅客验票、违章乘车旅客处理、出站厅清理等工作。出站组织的核心是组织旅客有序出站。出站检票人员提前到岗，检查自动检票机、出站显示屏状态和内容。

（一）出站服务岗位职责

（1）负责落实上级要求，对班前安全、服务工作预想要落实到位，避免发生安全问题及产生服务责任投诉。

（2）安全有序引导旅客出站，及时清理出站厅、大扶梯等处的闲杂人员，做好出站的组织和宣传，为重点旅客解决困难。

（3）熟练掌握客运非正常情况下的应急预案，协助值班员做好突发事件的应急处置。

（4）负责本岗位网格化区域设备巡视检查，确保设备设施运用状态良好。

（5）负责本岗位作业、安全、服务、卫生等日常工作。

负责旅客到补和票据票款安全工作。

积极、主动防控，在岗在位在状态，行为主动、作用突出，确保作业过程有序、可控。

（二）出站岗位服务工作

1. 到 岗

出站检票人员提前到岗，检查自动检票机、出站显示屏状态和内容。

2. 检 查

（1）开启出站口大门，清理出站口通道，对出站通道进行检查，发现问题及时上报，做到通道畅通，方便旅客出站。

（2）检查出站口检票机、到达显示屏、检斤秤等设施设备，确认状态良好、显示正确。

3. 引 导

引导旅客使用自动检票机或通过半自助闸机验票出站。

4. 处 理

（1）旅客因错误使用导致自动检票机报警，检票人员立即帮助旅客处理通过。

（2）自动检票机故障时，及时引导旅客通过其他检票机或半自助闸机检票出站；全部故障时，改为手持检票机检票出站。

检票信息及半自助检票闸机如图 4-2-6 所示。

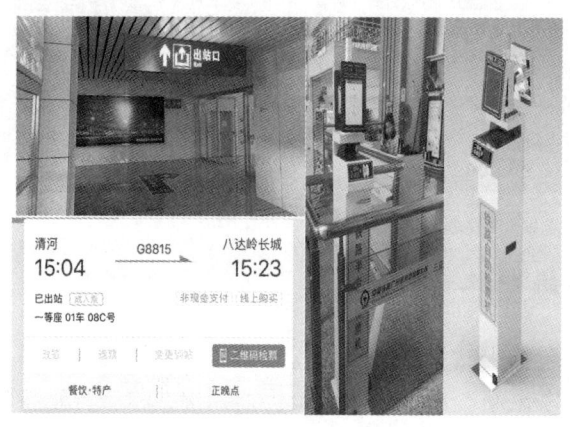

图 4-2-6　检票信息及半自助检票闸机

5. 补 票

对无票、减价不符或无购票记录的旅客，按规定补票。

6. 遗失物品保管

对旅客遗失物品做好登记，并按规定交客运值班员。

六、客运作业服务沟通技巧

（一）非语言服务沟通

1. 仪容仪表

整体要求：仪容整洁，上岗着装统一，干净平整。

（1）头发要求。

整体要求：头发干净整齐、颜色自然，不理奇异发型、不剃光头。

男士要求：男性两侧鬓角不得超过耳垂底部，后部不长于衬衣领，不遮盖眉毛、耳朵，不烫发，不留胡须。

女士要求：女性发不过肩，刘海长不遮眉，短发不短于7厘米。

（2）妆容要求。

身体外露部位无文身，女性淡妆上岗，保持妆容美观，不浓妆艳抹，不染彩色指甲。

（3）手部要求。

双手保持清洁，指甲修剪整手齐，长度不超过指尖2毫米。

（4）服装配饰要求。

服装要求：按岗位换装统一，衣扣拉链整齐。系领带时，衬衣束在裙子或裤子内。外露的皮带为黑色。不歪戴帽子，不挽袖子和卷裤脚，不敞胸露怀。人工验证人员等坐姿作业人员可不戴制帽，其他人员执行职务时应戴制帽，帽徽在制帽折沿上方正中。

皮鞋要求：不赤足穿鞋，不穿尖头鞋、拖鞋、露趾鞋，鞋的颜色为黑色，鞋跟高度不超过3.5厘米，跟径不小于3.5厘米。

配饰要求：佩戴的外露饰物款式简洁，限手表一只、戒指一枚，女性还可佩戴发夹、发箍或头花及一副直径不超过3毫米的耳钉。

（5）职务标志。

佩戴职务标志，胸章牌（长方形职务标志）戴于左胸口袋上方正中，下边沿距口袋1厘米处（无口袋的戴于相应位置），包含单位、姓名、职务、工号等内容。臂章佩戴在上衣左袖肩下四指处。

2. 礼仪规范

（1）面部表情。

眼神和蔼有神，亲切自然；微笑时真诚、善意，充满爱心。

（2）解答问讯。

旅客问讯时，面向旅客站立，目视旅客，有问必答，回答准确，解释耐心。

（3）坐姿、走姿。

坐立、行走姿态端正，步伐适中，轻重适宜。在旅客多的地方先示意后通行；与旅客走对面时，主动让路，面向旅客侧身让行，不与旅客抢行。列队出（退）勤时，按规定线路行走，步伐一致。多人行走时，两人成排，三人成列。

（4）指引。

身体稍向前倾，手臂伸直，手指自然并拢，手掌掌心向上，指向目标，忌用一个手指指向目标。

（5）递物、接物。

递给旅客物品或接过旅客递来的物品时，用双手奉上或接受，不允许漫不经心地扔或单手接取，并适当使用文明服务用语。

（二）车站客运服务语言沟通

语言要求：使用普通话，表达准确，口齿清晰。对旅客、货主称呼恰当，统称为"旅客们""各位旅客""旅客朋友"，单独称为"先生、女士、小朋友、同志"等。使用十字文明用语"请、您好、谢谢、对不起、再见"。

（1）当旅客询问时说："您好，请讲。"

（2）整理队伍时说："请您按顺序排好队。"

（3）需要旅客配合通行时说："对不起，劳驾。"

（4）整理行李，打扫卫生时说："对不起，请您让一下。"

（5）遇到旅客寻求帮助时说："请问您需要什么帮助。"

（6）失礼时说："对不起，请原谅。"

（7）纠正旅客违反规章制度时说："请您配合我们的工作，谢谢！"

（8）受到旅客表扬时说："请您多提宝贵意见。"

（9）受到旅客批评时说："对不起！给您造成困扰了。"

（10）旅客之间发生矛盾时说："请不要争吵，有问题合理解决。"

（三）车站广播语言沟通

铁路客运服务广播用语是铁路客运服务用语的重要组成部分，大多数旅客在接受铁路客运服务时，更多的是依赖车站或列车上的广播词确定铁路服务的重要信息。因此，清晰、准确、及时的广播用语是铁路客运服务质量的基本要求。

1. 进站、到站通告旅客

（1）旅客们，由××经由本站开往××方向去的××次列车，到站时间×点×分，开车时间×点×分，停车×点×分，这趟列车正点。

（2）××次列车正点到达本站，乘坐这趟列车去往××方向的旅客，请您到×层候车厅××号检票口进站，××次列车进×站台，请您到×站台等候。

（3）接亲友的朋友请您到出站口等候您的亲友出站。

（4）旅客们，由××站始发开往××方向去的××次列车，发车时间×点×分，列车开始检票。

（5）××次列车停靠在×站台，请您到×站台上车。

（6）各位旅客，为了维护国家法令，保证旅客在旅行中的安全，严禁将易燃品、爆炸品等危险品（如煤油、汽油、鞭炮、火药、雷管等）带进站、带上车，也不能夹在行李包裹内托运，带有以上物品的旅客，请您主动找工作人员联系，以便妥善处理。希望各位旅客协助我们做好安全工作，确保大家在旅行中的安全。

2. 候车服务通告

（1）各位旅客大家好，欢迎您来本站候车。您来到候车厅，请听从工作人员的组织、引导，按引导屏指定地点排好队等候检票进站。旅客们，为了照顾老、弱、病、残、孕及带小孩的旅客进站上车，工作人员要提前组织重点旅客。当工作人员检票时，您不要慌忙，请整理好随身携带的行李物品，确认是否齐全，不要遗忘在候车厅里。

（2）旅客们，按照先后顺序进站。带小孩的旅客，请照顾好您的小孩，以免走散。

（3）各位旅客，现在广播一则失物招领启事。哪位旅客丢失了一个红色旅行箱，请速到车站失物招领处认领。

3. 检票服务通告

（1）检票前。

旅客们，欢迎您到××站乘车。××次列车即将检票，请您到××号检票口排队等候。老人、带小孩及行动不便的旅客请您到人工口排队等候。军人依法优先进站。使用二代身份证购票的旅客，检票时请您右手持证，放在证件识读区刷证进站，使用护照、港澳通行证、临时身份证等证件购票的旅客，以及持儿童票的旅客，请您到人工检票口检票进站。感谢您的配合，祝您旅途愉快。

（2）检票中。

旅客们，欢迎您到××站乘车。××次列车正在检票，请您到××号检票口检票上车，祝您旅途愉快！

（3）口头宣传。

检票口客运员利用小喇叭（小蜜蜂）在列车检票前到旅客队列中，利用口头方式对不能使用自助闸机进站的旅客及重点旅客进行筛选，宣传至人工检票口排队等候，同时，宣传在自助闸机排队的旅客右手持身份证做好检票准备，提升旅客检票进站速度。口头宣传时，小喇叭不得录音，大声播放。

 任务训练

实训项目	高速铁路车站客运作业服务沟通训练
实训目标	1. 使学生结合实际，加深对高速铁路车站客运服务沟通的认识与理解。 2. 培养学生客运服务沟通学习的兴趣。
实训内容及组织	由教师组织，学生自愿组成小组，每组 6～8 人，选择以下题目进行客运服务沟通内容训练。 1. 与旅客进行候车服务沟通。 2. 与旅客进行检票服务沟通。 3. 与旅客进行站台乘降车服务沟通。
实训考核	1. 每组提交一份实训报告。 2. 各组进行汇报。 3. 教师根据各组的实训报告与课堂汇报进行评估。

任务三　　高速铁路车站应急服务沟通技巧

 思政素质目标

尊重劳动、热爱劳动；诚实守信、爱岗敬业，具有精益求精的工匠精神；顾全大局，团结互助。

职业目标

能在高速铁路突发客流高峰、客票系统故障、大面积列车晚点等紧急情况发生时与旅客进行服务沟通。

 知识目标

掌握高速铁路车站应急服务沟通内容。

 相关知识

"应急"指应对突然发生的需要紧急处理的事件。这其中包含了两层含义：客观上事件是突然发生的；主观上需要紧急处理这种事件。

突然发生的需要紧急处理的事件通常被人们简称为"紧急事件"，或者"突发事件"。

无论从旅客角度还是铁路运输企业角度而言，都不愿意发生运输不正常的情况。在不断努力提高和完善服务的同时，却总也避免不了一些紧急事件的发生。作为高速铁路客运服务人员，一定要充分理解旅客的需求，及时了解旅客的想法和心态，并以优质的服务和贴心的沟通去感化旅客。

一、旅客列车大面积晚点应急服务

（1）接到应急值守晚点信息，及时汇报值班员。
（2）按照车站干部指令，迅速到达现场，与公安人员共同维持好旅客秩序。
（3）车底到达，协调列车提前开门，联系候车室检票员及时检票、组织上车。
（4）稳定旅客情绪，如果发生拒绝下车等严重影响站车秩序的情况时，及时汇报值班员，同时利用小区广播及时进行出站宣传。
（5）妥善安排晚点列车旅客换乘、退票、改签。

旅客列车大面积晚点应急服务如图4-3-1所示。

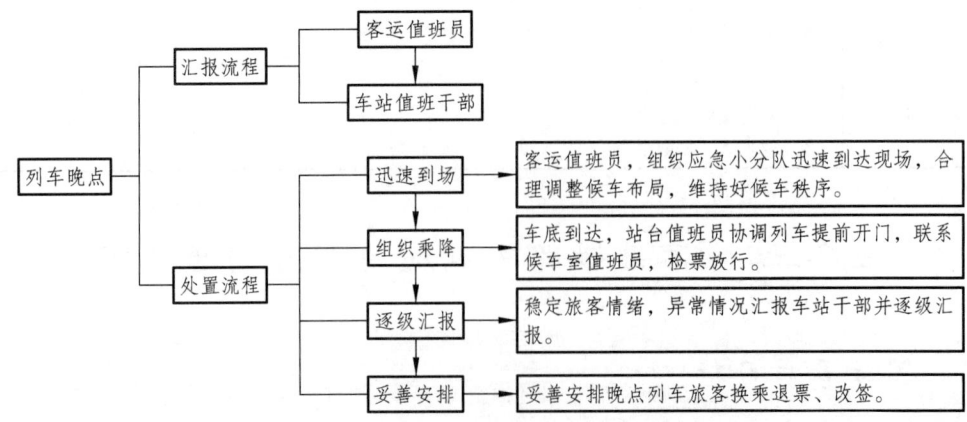

图4-3-1 旅客列车大面积晚点应急服务流程

二、突发客流高峰应急服务

（1）及时向客运值班员汇报。
（2）在客运值班员带领下迅速到达现场，与公安人员一起维护现场秩序。
（3）组织有困难时，及时向值班员请示，增派联劳力量。
（4）候车室压力大时，掐断进站口通道，缓解压力。
（5）稳定旅客情绪，有异常情况及时向值班干部汇报。
（6）对剩余旅客做好解释，妥善安排退票、改签工作。

三、突发停电应急服务

（1）及时向值班干部汇报。
（2）接到通知后迅速到达现场，协调组织作业。
（3）启用备用应急灯、手电、喇叭，做好宣传解释。
（4）对候车室、售票厅、检票口、地道进行防护。
（5）检票使用应急车次牌，做好宣传
（6）与公安民警协调，共同维护好车站秩序。

四、旅服系统故障应急服务

（一）闸机突发故障

（1）坚守岗位，及时将自动检票闸机调整为通行状态。同时，组织其他岗位人员进行人工检票。
（2）做好现场进站旅客检票秩序的维护。及时打开音视频记录仪做好特殊情况的摄录。
（3）通知值班员，值班员向值班干部汇报并通知公安民警协助。
（4）故障闸机修复后，经测试后方可使用。

（二）引导揭示系统故障

（1）发现候车室引导揭示系统故障时，及时汇报值班员，值班员通知值班干部和公安民警协助。
（2）稳定旅客情绪，做好旅客的解释工作，及时打开音视频记录仪做好特殊情况的摄录。
（3）在候车区、检票口等处准备好临时显示牌，随时向旅客公告服务信息。
（4）妥善安排引导旅客排队候检，用小区广播（喇叭或腰麦），加强广播宣传。

（三）自动检票机突发故障

（1）遇有自动检票机突发故障时，及时汇报客运值班员。
（2）坚守岗位，按照流程将自动检票机调整为通行状态，同时，与值班员安排的人员一同做好出站旅客的宣传引导和人工验票工作。
（3）监督自动检票机故障修复过程，经测试正常后，方可使用。

五、反恐防暴应急服务

（1）及时向客运值班员汇报。
（2）听从客运值班员指挥，立即到达指定位置。
（3）做好宣传工作，组织引导旅客疏散至安全地带。
（4）恐怖事件结束后，与保洁人员一起清洁站区环境卫生。
（5）配合设备部门做好设备维修恢复工作。
（6）立即清理无关人员，维护现场秩序，控制事态发展，保护现场，配合公安部门调查处理。

反恐防暴应急服务如图 4-3-2 所示。

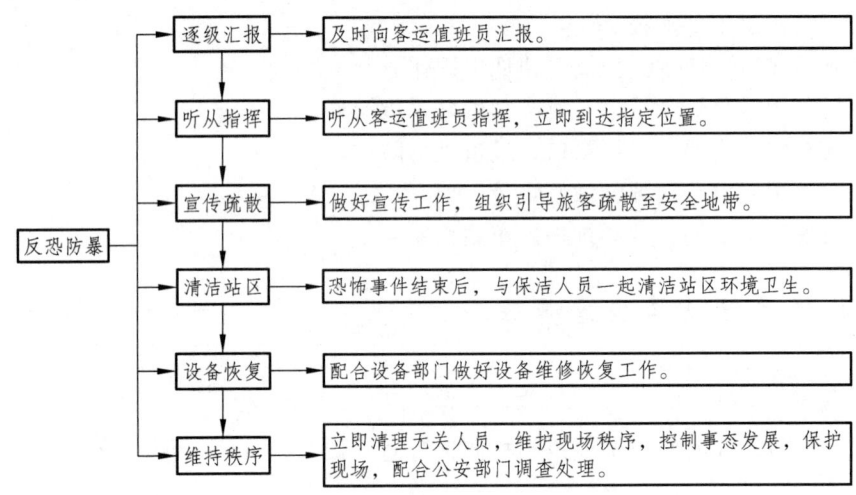

图 4-3-2　反恐防暴应急服务流程

六、旅客高站台坠落应急服务

（1）迅速到达事发现场，向旅客宣传，及时组织处置，汇报客运值班室，必要时联系司机采取停车措施。
（2）指引旅客到两条线路中间的安全地带等待救援或将其移动到站台上，根据伤势情况及时拨打 120 急救中心电话。
（3）了解伤害过程，打开音视频记录仪，收集有关证据，详细记载事件情况，为按规定处理取得全面资料。
（4）将旅客伤害程度及处置情况上报运输和统计科专职人员。

七、站台安全门故障应急服务

1. 到达作业

站台客运员发现站台安全门故障无法自动开启后，立即通知客运值班员，并及时将就地控制盘箱盖打开，将钥匙插入至"操作允许"钥匙孔，旋转至"允许"状态，按压相关开门按钮打开站台门。站台客运员确认站台门全部开启，向站台值班员汇报。当就地控制盘失效时，由站台客运人员利用手动解锁模式打开站台门。

2. 发车作业

停止检票后，站台客运人员确认客运有关作业完毕，站台门与站台边缘无障碍物后，使用对讲机通知动车组列车长"客运有关作业完毕"。司机按规定关闭车门后，站台客运人员要再次确认动车组与站台边缘间无障碍物后，操作就地控制盘上"关门"按钮关闭滑动门；当就地控制盘失效时，由站台客运员将钥匙插入"互锁解除"钥匙孔，旋转至解除状态，做好防护，利用手动解锁模式关闭站台门。

就地控制盘及站台安全门故障应急服务流程如图 4-3-3 所示。

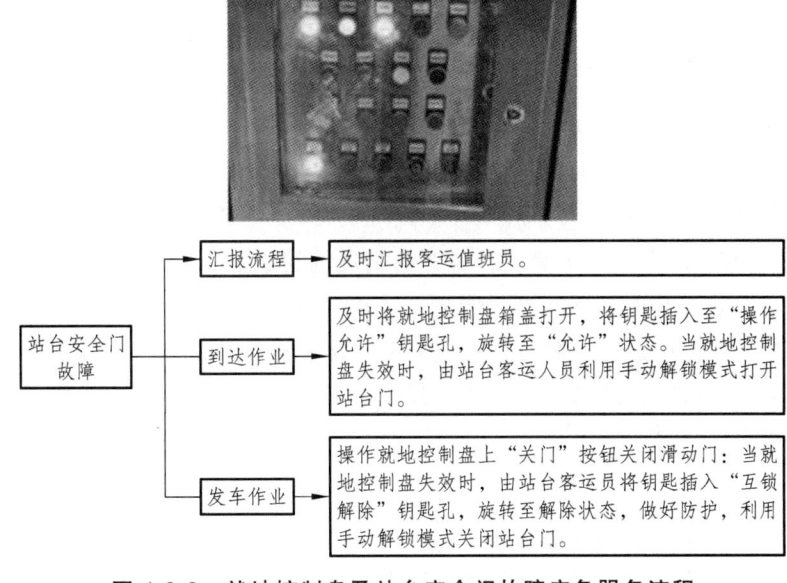

图 4-3-3　就地控制盘及站台安全门故障应急服务流程

八、高速铁路客运服务人员应急沟通技巧

（一）高速铁路客运服务人员应急沟通能力

无论是在每年春运期间还是在日常铁路旅客运输过程中，安全都是人们最为关心的主题。这就要求我们对列车突发的应急事件有充分的思想准备和心理准备，并有充分的认识和有效的应对措施，因为对列车应急事件的处置，直接关系到旅客的生命安全和国家财产安全。及时上报、认真反馈是应急处置沟通应遵循的原则。

1. 高速铁路客运服务人员要具备处置紧急情况的业务素质

面对突发的紧急情况和应急事件，高速铁路客运服务人员必须具备处置应急事件的业务素质。这就要求每一名高速铁路客运服务人员熟悉列车车厢内的安全设施，以及安全结构设计，尤其是有关应急设备，必须做到熟练掌握灭火器的使用方法，熟悉各种应急和突发事件的处置预案，一旦列车上发生紧急情况，唯有熟练的操作才会给旅客的安全撤离争取宝贵的时间。此外，高速铁路客运服务人员还要有较强的沟通能力和组织能力，通过口语表述、肢体语言、表情语言等，积极主动地向旅客宣传乘坐高速铁路列车的安全常识和应急处置逃生措施，使旅客明确和了解紧急情况发生后的处置程序。

2. 高速铁路客运服务人员要具备处置紧急情况的心理素质

作为一名高速铁路客运服务人员，首先要具备在紧急情况下保持清醒、镇定、沉着、冷静的心理素质，这是高速铁路客运服务人员能否对紧急情况做出准确判断，以及能否迅速采取果断行动的重要前提。这种心理素质表现出来的沉着冷静的表情和有条不紊的处置手段、口令等，不仅能够让旅客得到安抚，还能够使旅客更好地配合高速铁路客运服务人员做好紧急疏导工作，这一点也是确保在紧急情况下做好人员安全转移的重要前提。

3. 高速铁路客运服务人员要具备处置紧急情况的决断能力

列车上一旦发生紧急情况，高速铁路客运服务人员除了要保持沉着冷静的心态之外，还应当很好地结合自身所掌握的常识和业务知识，迅速对突发事件做出判断，并在此基础上确定应当采取的处置措施。因为在最危险的时刻，高速铁路客运服务人员就是事件现场的总指挥，旅客此时的希望很大程度上都寄托在高速铁路客运服务人员身上。高速铁路客运服务人员要为旅客做出表率，这需要其具备果断处置紧急情况的决断能力。

4. 高速铁路客运服务人员要具备处置紧急情况的组织能力

一旦在列车上发生意想不到的紧急情况，车厢内的旅客很有可能会躁动、混乱、惊恐和不知所措。此时，高速铁路客运服务人员就要及时转换自己的角色，改温和的微笑为镇定的指挥，不但要组织好旅客，使其情绪保持冷静和稳定，还要维护车厢内的秩序，在紧急情况发生后确保旅客的生命财产安全。

5. 高速铁路客运服务人员要在处置紧急情况时保持团队精神

高速铁路客运服务人员能否在紧急情况发生时，与其他工作人员步调一致、协同作战、有效处置，对应急事件的处置起着至关重要的作用。紧急情况发生后，每一名高速铁路客运服务人员都应清楚自己所处的位置，以及应当履行怎样的职责，大家只有相互配合、相互帮助、相互协作，才能保证应急处置的高效率；否则，各自为战，互不通气，最终将有可能造成更大的损失。

（二）客运应急服务有效沟通

旅客购买了车票，进入候车室等待火车按时发车。一旦听到"我们抱歉地通知您，由于××原因导致本次列车晚点"的播报，旅客的心理需求与客观现实形成强烈反差，从而出现心理波动情绪，为了尽快安抚旅客，需要与旅客进行有效沟通。

有效沟通是信息互通的过程，信息传递的及时性、准确性和清晰度直接影响沟通的效果。在应急服务的过程中，面对旅客提出的或可能遇到的各类问题，客运服务人员都应该及时、准确地给予解答和协助。应急服务沟通过程中，语言表达的清晰与否直接影响着信息传递的准确性。不断地增加、修改信息的内容，反复地进行双方的意见互换，最终双方的意见趋于一致，实现有效沟通。

（三）应急服务的语言沟通技巧

1. 语言清晰

工作人员不管是在告知客运非正常信息时，还是在回答旅客的咨询时，都要做到语言清晰，力求发音准确、吐字清楚，确保旅客能清晰听见，不要含混不清、羞羞答答，也不要语速太快，更不能应付了事，避免因为语言表达欠清楚而带来不必要的麻烦。

2. 语气平和

发生客运非正常情况，旅客本就心情欠佳，这时需要工作人员不要冲动，说话时注意语气柔和，音调不要太高，音量适中，确保旅客听得舒服。若语气生硬，容易让旅客感觉不友好、不和善。

3. 态度和蔼

和蔼、谦恭的态度可以让人心情舒畅，感觉友善，可有效降低旅客对客运非正常情况所产生的抱怨、愤怒和抵触等心理。工作人员应该面带微笑，使用礼貌用语，客气、耐心地为旅客服务、融洽客我关系。

4. 倾听诉求

发生客运非正常情况，旅客有抱怨、不满等情绪是很正常的，这个时候，工作人员应该尽量让旅客将抱怨、不满等说出来，并认真倾听，适当地充当旅客的"出气筒"。在旅客将不满倾诉完后，应详细了解旅客的要求和期待，并按照相关规定尽量满足。

（四）客运应急服务沟通用语

（1）非常抱歉，列车暂时还不能开车，请留意我们的广播通知，有最新消息，我们一定会广播告知每位旅客。

（2）您请稍等，我这就去帮您问一下看是否可行。

（3）请您不要着急，再稍等一会儿，大家都会尽快上车的。

（4）对不起，我有做得不到位的地方还请您谅解。

（5）您反映的问题，我将向相关部门和领导反映。

（6）请大家少安毋躁，我会逐个回答大家的提问。

（五）应急服务广播沟通

（1）旅客您好，由于售票系统故障，2、3号窗口及2号自动售取设备将暂停服务，请购票旅客予以配合。

（2）列车晚点通告。

各位旅客请注意，××开往××方向的×次列车晚点，预计晚点2个小时。由于列车晚点、停运给您带来的不便，我代表铁路部门向您表示诚挚的歉意。

旅客们，由××经由本站开往××方向去的××次列车，正点到站时间是×点×分，大约晚点××分，请您不要远离车站注意广播通告，以免误车。谢谢您的理解和配合。

旅客们，由××经由本站开往××方向去的××次列车，正点到站时间是×点×分，大约晚点××分，请您到×层候车厅×号检票口排队候车。

接亲友的同志请您到出站口等候您的亲友出站。感谢您的支持与配合。

（3）列车进站前或开车前，旅客突然进入站台安全门内。

动车组开车前站台安全门关闭后，如发现站台门与站台边缘间有人时，客运人员要立即通知司机"××次司机，站台门内有人，请停车"。同时操作就地控制盘上"开门"按钮，打开滑动门，及时将人清理出滑动门后，通知司机"××次司机，站台门内闲杂人员清理完毕"。

任务训练

实训项目	高速铁路车站客运应急服务沟通训练
实训目标	1. 使学生结合实际，加深对高速铁路车站客运应急服务沟通的认识与理解。 2. 培养学生客运应急服务沟通学习的兴趣。
实训内容及组织	由教师组织，学生自愿组成小组，每组 6~8 人，选择以下题目进行客运应急服务沟通内容训练。 1. 旅客列车大面积晚点应急服务沟通。 2. 反恐防暴应急服务沟通。 3. 客票系统故障应急服务沟通。
实训考核	1. 每组提交一份实训报告。 2. 各组进行汇报。 3. 教师根据各组的实训报告与课堂汇报进行评估。

复习思考题

1. 高速铁路客运站有哪些窗口售票设备？
2. 简述高速铁路车站电子票务服务相关内容
3. 叙述高速铁路车站窗口售票服务语言沟通内容。
4. 叙述高速铁路车站验证口服务沟通内容。
5. 叙述高速铁路车站检票服务沟通内容。
6. 叙述高速铁路车站站台作业服务沟通内容。
7. 简述高速铁路车站出站服务沟通内容。
8. 简述旅客列车大面积晚点应急服务沟通内容。
9. 简述高速铁路车站反恐防暴应急服务沟通内容。

项目五 复兴号动车组列车客运服务沟通技巧

项目描述

高速铁路乘务服务狭义上讲,是指动车组乘务人员与旅客接触过程中所产生的一系列活动的过程及其"结果"。"结果"的核心是旅客自身感受,包括时间上的感受、感官上的感受等,通常是无形的。实现服务质量控制和提升,要以旅客需求为出发点,实施标准化管理来促进服务标准提升;建立与实际相符的服务评价体系,实现服务质量的控制提升。本项目主要介绍高速铁路客运乘务服务管理、复兴号动车组列车客运服务沟通技巧和复兴号动车组列车应急服务沟通技巧。通过本项目的学习,学生应掌握复兴号动车组列车客运服务的沟通技巧。

任务一 高速铁路客运乘务服务管理

思政素质目标

尊重劳动、热爱劳动;诚实守信、爱岗敬业,具有精益求精的工匠精神;顾全大局,团结互助。

职业目标

能识别高速铁路客运乘务管理基本组织架构及管理内容。

知识目标

掌握客运段、高铁车队、乘务组织管理内容。

相关知识

高速铁路客运乘务是指在动车组列车上组织、服务旅客的工作,而乘务管理是指通过实施计划、组织、协调、控制等职能来协调乘务工作,实现组织有序、服务达标的过程。

一、高速铁路客运乘务管理基本组织架构

高速铁路客运乘务管理是铁路旅客运输管理的一部分,我国高速铁路客运乘务管理架构

主要由中国国家铁路集团有限公司（下文简称国铁集团）有关部门、铁路局集团公司有关部门、客运段3个层级组成，各层级的相关部门在整个管理体系当中分别承担不同的职责和分工。各级的主要职责和分工如下。

（一）国铁集团客运部

国铁集团客运部是全国铁路旅客运输的专业管理部门，内设行包综合处、客运营销处、客运管理处和运条运价处四个处室，在乘务管理方面主要负责以下几个方面。

1. 基本制度规范的制定

基本制度规范包括乘务相关的服务质量规范、旅客运输条件等的制定工作，如铁路旅客运输服务质量规范等。

2. 跨铁路局集团公司事项的规范统一

主要是指涉及跨铁路局集团公司事项相关制度、处理规则的制定，如《铁路客运服务系统维护管理规则》《高铁快运业务管理办法》等。

3. 参与客运生产组织工作

主要是跨铁路局集团公司生产组织方案的编制和审批、全路性突发事件的应急处置等。如旅客列车运行图的编制，审批公布客运车站开办、封闭、临时停办，全路性大面积晚点的应急处置组织等。

4. 组织工作质量考评

组织检查铁路旅客运输中各项工作质量，组织相关评比。

（二）铁路局集团公司客运部

铁路局集团公司客运部是集团公司层面客运专业管理部门，因各铁路局集团公司客运部内设科室不同，一般情况由客运管理科负责乘务管理工作，在乘务管理方面主要负责以下几个方面。

1. 负责专业技术管理

贯彻执行国铁集团规章制度，制定完善乘务专业技术标准、管理制度、作业标准，并组织贯彻执行，定期组织对落实情况的检查、考评。

2. 参与乘务生产组织

如列车担当方案的确定、12306客户服务、全局性的客运业务协议的签订、技术和管理改进等。

3. 实施目标管理

制定包括安全生产、客运经营、服务评价、基础管理等方面的工作计划，并组织实施和考核评价。

4. 应急处置和事故处理

组织落实生产安全事故应急救援预案，并对落实情况开展检查与考核；在中断行车和大面积客车晚点时，负责组织、协调旅客运输秩序的恢复工作；组织处置本系统安全生产突发事件，协助处置其他安全生产突发事件；组织旅客伤害事故和行包事故的处理。

（三）客运段

客运段是铁路旅客运输乘务工作的落实主体，负责根据铁路局集团公司总体工作部署，组织乘务生产，落实各项保障措施，实现安全稳定、服务达标，主要负责以下几个方面工作。

（1）落实专业技术管理。

依据国铁集团、铁路局集团公司规章制度，细化制定本单位安全生产的技术标准、管理制度、工作标准、作业指导书和安全控制措施，并组织实施。

（2）负责乘务组织工作。

依据列车运行图、乘务担当方案等，确定整备作业、乘务作业、后勤保障等组织方案，并按方案组织实施。

（3）实施目标管理。

制定本单位包括安全生产、客运经营、服务评价、基础管理等方面工作计划，并组织实施和考核评价。

（4）实施监督管理。

对列车保洁、餐售服务等业务实施监督管理。

（5）组织处置本单位安全生产突发事件，协助处置其他安全生产突发事件。

（6）围绕保障乘务组织工作质量，建立健全本单位人、财、物等方面的基础管理制度体系，并组织实施。

二、高铁客运乘务部门与其他部门横向关联关系

高速铁路客运乘务作业过程中，各级客运部门与其他专业部门存在大量的作业关联，各部门在高铁乘务管理过程中的横向关联关系如下。

（一）与餐饮、保洁部门结合部的管理关系

为提升专业化保洁质量，实现餐售服务的品质提升，各集团公司成立了旅服公司，负责保洁、餐饮、车内售货工作。

动车组列车保洁、餐饮、车内售货等工作是乘务工作的重要内容，也是动车组服务质量指标的重要组成部分。在日常作业过程中，由客运段对旅服公司库内整备（仅对工作质量）、途中保洁、餐饮销售、售货服务等作业过程实施监督管理。

（二）与动车段结合部的管理和作业关联

客运段与动车段间的关系，即有结合部管理，又有作业关联和配合。

1. 出库验收环节

客运段需在动车段（所）内安排客运质检员对动车组整备和深度保洁质量进行验收，作业人员需遵守动车段（所）相关作业管理规定，客运段与动车段（所）之间存在监督管理关系。

2. 车辆设备管理环节

运营中的动车组列车上部设施管理实行列车长负责制，运营途中，客运乘务人员与检车人员在车辆设备设施巡查和故障发现、报修、反馈、信息上报等存在作业关联与配合。

3. 日常作业环节

动车组列车日常管理实行列车长领导下各工种分工负责制，列车长对结合部管理和乘务纪律方面负有监督管理职责。

4. 应急处置环节

各部门虽然各种突发情况处置流程不同，但按照确保旅客安全的大原则，大部分情况下，均实行列车长统一指挥下的分工负责制，各部门存在紧密的作业关联关系。

（三）与车站作业的关联关系

车站和客运段分工负责高速铁路旅客运输组织工作，在作业关联衔接方面，存在千丝万缕的联系。

1. 日常作业衔接

日常作业衔接包括乘降作业的配合、重点旅客服务与交接、发车条件确认和联控作业等。

2. 站车交接作业

站车交接作业包括意外伤害旅客的交接、救护、处置，特殊旅客交接处置，旅客遗失物品的交接处置等。

3. 应急处置配合

按照"以站保车"的原则，动车组列车发生超员、热备换乘、火灾事故等突发情况，均需站车在现场处置上通力配合，产生高度关联关系。

（四）与机务段作业关联关系

（1）列车长与司机之间发车联控作业。

（2）突发情况下需要紧急停车以及信息传递等作业配合。

（五）与其他部门作业关联关系

（1）与中铁快运人员在始发、终到车站办理高铁快件交接、途中货物巡视和突发情况处置。

（2）与铁路公安在治安事件、突发事件应急方面的配合处置等。

三、客运段管理

客运段是国铁集团铁路旅客运输乘务工作的基层管理与组织单位，是铁路系统的重要组成部分，承担本铁路局集团公司管内或跨铁路局集团公司旅客列车的运输服务工作（包括旅客列车乘务工作和普速旅客列车餐饮服务工作），主要负责旅客列车客运乘务人员的管理工作。一般铁路局集团公司所在地设有客运段，一些有较多始发、终到列车的省会及其他较大城市也会设有客运段。目前国铁集团共设有18个铁路局集团公司，下辖39个客运段。

（一）客运段组织管理

客运段一般内设乘务科等多个职能部门，各铁路局集团公司客运段对下设部门的名称及职责分工等不尽相同，但总体大同小异。各个客运段一般设有乘务科（含生产指挥中心）、安全科、职工教育科、劳动人事科、党群办公室、经营开发部、计划财务科、保卫武装科、收入科、行政办公室等管理部门，这些管理部门按照职责分工指导车队（间）开展客运乘务组织工作，完成运输生产任务。

1. 乘务科（含生产指挥中心）

乘务科承担全段运输生产组织和乘务管理工作，负责春运、暑运、小长假等运输方案的编制和组织实施，负责旅客和行包运输组织管理，服务质量管理，列车广播、显示屏管理，客运规章管理，现场应急处置等工作。

生产指挥中心负责旅客列车应急处置工作，及时掌握相关信息，准确传达上级命令，协调指挥各有关部门、车队正确处置突发事件；负责受理旅客投诉、旅客遗失物品查找；负责统计、分析和上报相关生产运输数据；负责乘务派班和生产调度管理等。

2. 安全科

安全科承担全段安全生产管理工作，负责劳动安全、列车消防安全、行车安全和路外安全管理，负责技术规章管理和列车无线电设备管理等工作。

3. 职教科

职教科负责健全职工教育培训管理制度并加以落实；负责职工教育培训和日常管理工作。

4. 收入科

收入科负责客运段运输收入管理；参与涉及本科室归口专业的收入安全事故调查处理等。

5. 劳动人事科

劳动人事科负责客运段劳动定额管理、定岗定编及机构设置工作，实施用工管理和劳力调配，确定和配备所需人员；负责劳资信息、工资津贴、奖励审核管理；负责干部信息管理、专业技术职称评聘和职工技能鉴定等。

6. 保卫武装科

负责客运段内部治安保卫、武装战备、专兼职安全员管理以及地面消防管理、检查工作。

7. 行政办公室（信息）

行政办公室负责客运段科技管理、信息化建设工作等。

8. 后勤供应车间

后勤供应车间负责客运段的物资采购、仓储管理，负责本段担当列车备品供应等。

9. 旅服车间

旅服车间负责本段担当普速旅客列车餐料供应、餐车经营管理等。

10. 高铁车队

高铁车队贯彻落实上级各项规章、办法、标准；负责本车队运输生产管理，组织实施运行图和季节性运输方案，并检查督促实施；按段要求组织落实职工培训计划和应急演练等。

（二）高铁车队管理

高铁车队是铁路企业在高速铁路发展到一定规模后组建的，较为独立，是负责现场生产指挥的基层组织。狭义上讲，高铁车队是铁路企业内部在高铁旅客运输过程中为旅客提供客运乘务服务的基本单位。广义上说，高铁车队是组织完成具体运输生产任务，负责管辖班组的车间。

1. 高铁车队的设置

为充分优化资源配置，各客运段可根据现阶段发展、担当高铁对数、乘务交路等情况，合理确定高铁车队的选址和规模，充分考虑高铁车站、动车运用所的地理位置以及地域等因素，灵活设置高铁车队。

（1）高铁车队的选址尽可能在高铁车站内或附近。

在高铁列车始发终到量较大的高铁站设置高铁车队有以下优点：

① 保障安全，减少了乘务人员出退乘途中的风险。

乘务人员出退乘时需携带票据、现金、台账等资料以及补票机、交互机、音视频记录仪等移动设备，并且要按照固定线路行走，如果高铁车站与高铁车队之间路途较长，会增加物品丢失的风险。

② 便于应急。

高铁列车有突发情况发生时，如启用热备、乘务人员突发疾病、备品短缺等，高铁车队可以及时派人补救。

③ 便于车队管理。

既方便车队管理人员站台接送车，又方便车队管理人员合理安排值班期间的工作（如出乘点名、接送车、日常办公等），提高车队管理人员工作效率。

（2）高铁车队的选址尽可能在动车运用所所在地。

高铁车队设在动车运用所所在地附近有以下优点：

① 方便班组的乘务安排。

高铁车队设在动车运用所所在地附近能够确保大部分乘务交路与车底交路保持一致，避免乘务人员便乘到异地出乘。

② 便于动车组列车整备作业一体化管理。

避免广播信息管理员与高铁车队质检员异地作业,造成管理上的失控。

③ 便于结合部的协调管理。

方便高铁车队与动车运用所的联系和协作,如参加动车组联检、一体化协调会议等。

④ 便于应急处置。

如高铁列车在线路上发生故障,高铁车队就近动车运用所便于集团公司客调统筹调度动车备用车底与客运备用乘务组及时前去救援。

2. 高铁车队组织管理

一个高铁车队的组织结构是否满足于其生产需要,是否有利于提高劳动效率,是否能够最大限度地发挥职工潜能和创造性,对高铁车队的管理非常重要,因此,高铁车队管理人员的组织结构设置首要原则是精干合理。高铁车队的组织架构如图 5-1-1 所示。

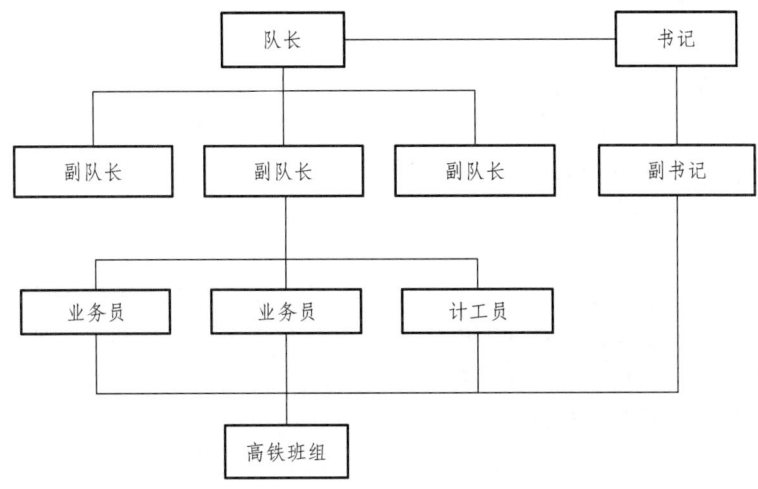

图 5-1-1　高铁车队的组织架构

高铁车队是铁路企业生产一线的指挥和行政管理组织,它既是管理层,又是执行层。高铁车队管理的范围虽然小,但管理的内容却很繁杂,涉及人员管理、运输生产管理、安全管理、备品管理、考勤管理等。高铁车队队长是高铁车队运输生产工作第一责任人,下设分管乘务、安全、职教、收入等工作副队长,业务员协助副队长做好相关工作,计工员负责车队计件工资、考勤管理、地面管理等日常事务性工作。高铁车队管理人员各岗位职责如下:

1. 车队队长

车队队长在分管副段长的领导下,全面负责车队运输生产工作,指导、督促车队各岗位履行工作职责、落实标准。

2. 车队副队长

车队副队长负责高铁车队派班室日常管理工作;组织贯彻、落实、细化上级各项运输生产规章、办法、标准;协助队长负责车队乘务、安全、收入、职教、保卫等工作;参与组织实施运行图和季节性运输方案,检查、指导、督促现场贯彻实施;负责旅客投诉调查、处理、整改工作;按要求做好临时旅客列车运输工作,检查落实执行情况。

3. 车队业务员

车队业务员协助副队长工作，具体负责乘务备品、运输收入、结合部协调、列车移动电子设备、各类信息化系统、反恐、班组建设等工作；负责旅客投诉调查、处理、整改工作；协助副队长按段应急演练计划开展车队、班组应急预案演练，并做好相关材料的编制、收集、整理等工作。

4. 车队计工员

车队计工员负责车队考勤管理、计件工资等的发放，统计职工奖励和考核情况，协助做好车队内部分配办法的制定、落实，负责车队日常后勤管理等工作。

（三）高铁班组管理

1. 客运乘务组配备标准

高铁乘务组是指高铁列车为完成旅客及其行李运输任务而组成的出乘人员小组。一般由客运乘务人员、随车机械师、司机、公安乘警、随车保洁和餐饮服务人员组成，简称"六乘人员"（或"六乘一体"）。主要负责检补车票、车厢保洁、供应餐水、维持列车内的治安等工作。列车乘务组人员应当各司其职，在为旅客服务上，接受列车长统一领导。高铁客运乘务组是由高铁列车列车长、列车员和安全员组成。

（1）全路高铁列车列车长、列车员配置标准。

一般采用8节编组的高铁列车客运乘务组由1名列车长和2名列车员组成；动车组列车重联时，按两个乘务组配备；编组16辆的动车组列车按1名列车长和4名列车员配备。各铁路局集团公司根据各列车情况对人员的配备稍有不同。

（2）全路高铁安全员配置标准。

① 动车组交路均为管内的配备专职安全员，每个乘务组配备1人。

② 单程5小时以内的直通动车组交路配备专职安全员，每个乘务组配备1人；交路中既有5小时以上直通动车组，也有5小时以内直通动车组，遇不配乘警的须配备专职安全员，每个乘务组配备1人。

③ 单程5小时以上直通动车组交路，遇不配乘警的（包括全程巡乘和分段巡乘的巡乘区段），须配备兼职安全员。

④ 动车组交路由管内动车组和直通动车组混套的，管内动车组视所套直通动车组安全员配备方式配专职或兼职安全员。

目前，各铁路局集团公司动车组餐饮和保洁人员由专门的公司配备管理（重庆客运段担当的动车组餐饮由本段配备管理），在人员配备方面要满足列车运行过程中客运服务的基本要求。

2. 客运乘务组管理原则

班组管理是指为完成班组生产任务而必须做好的各项管理活动，包括计划、组织、协调、控制、激励等，充分发挥班组全员的主观能动性和生产积极性，合理利用班组的人力、财力、物力，使班组生产均衡有效地进行。

高铁客运乘务组作为高速铁路客运乘务服务的实施主体和基础单元，乘务组管理的成效直接关系到高铁旅客运输服务的质量和水平,因此,科学、有序、高效地对乘务组进行管理显得至关重要。对铁路客运段来说,由于区别于其他行业的发展特点,在进行乘务组管理时,须遵守以下原则。

(1)以标准化乘务组建设为目标。

标准化乘务组建设是指围绕服务质量、安全、旅客满意度等方面制定标准,依据标准对乘务组的实际工作进行考评并实施奖惩,并且对标准的执行进行长效监督管理。

(2)以旅客需求为导向。

客运段的服务对象为旅客,旅客对其购买的服务的期望称为旅客需求,乘务组管理必须明确其生产活动是围绕旅客需求而展开的,只有按旅客需求运作,铁路企业才能在日益激烈的市场竞争中立于不败之地。

(3)以人为本。

乘务组管理说到底是对人的管理,树立以人为本的理念,分配工作时以个人的能力和特点为依据,综合考虑乘务组的组织结构和岗位设置,发挥个人的潜力,充分调动每个人的积极性,使得乘务组综合实力达到最佳。

四、高速铁路客运乘务组织管理

铁路客运乘务组织的实质是有序完成旅客的运送服务工作以及相关的行李等运送工作。高速铁路客运乘务组织主要包括列车运行组织、乘务计划编制、乘务作业组织、餐饮作业组织及快运作业组织等内容。

(一)动车组交路计划

动车组运用严格按照事先编制的动车组运用计划执行。主要包括动车组交路计划和动车组检修计划。动车组交路计划规定动车组按什么顺序担当列车,并指定每一动车组担当的具体交路,动车组交路计划与列车运行图一同编制。检修计划规定动车组在基地检修的时间、内容、检修线等具体项目,供动车组基地检修使用。动车组运用计划由运输计划组织部门编制。

动车组交路是指动车组两次一级检修间的运用计划,动车组交路的起点和终点都是检修基地。动车组交路计划包含动车组担当列车的时间、车站、车次或对动车组一级检修及二级检修的时间、基地及检修级别等内容。××局集团公司复兴号动车组交路计划见表 5-1-1。

表 5-1-1 ××局集团公司复兴号动车组交路计划

交路车次	首发车次	开车时间	车　型	动车组号	备注
0G7031-G7031-G7232/3-G7234/1-G7222/3-G7410/1	G7031	5:54	CR400BF	CR400BF-3002	一级修
0G7625- G7625- G7334- G7337	G7625	6:50	CR400BF	CR400BF-3003 CR400BF-3009	备用
0G1504-G1504-0G1504	G1504	10:10	CR400BF	CR400BF-3005	二级修
0G2364-G2364/1/4-0G2361	G2364/1/4	7:30	CR400BF	CR400BF-3006	备用

续表

交路车次	首发车次	开车时间	车　型	动车组号	备注
0G7395-G7395/8-0G7398	G7395/8	7:27	CR400BF	CR400BF-3007	×所存放
0G7212-G7211-G7036-G7111-G7114-G7119-G7122-0G7122	G7211	6:35	CR400BF	CR400BF-3008C CR400BF-3004	×所存放
0DJ7695-DJ7605-G20-0G719-0G40-G39	G20	7:48	CR400BF	CR400BF-3010C CR400BF-3020	×所存放
0D5645-D5646-0D5646	D5646	7:10	CR400BF	CR400BF-3018	长客四级修

（二）高速铁路客运乘务计划

高速铁路客运乘务计划在动车组车底交路的基础上进行编制，主要内容是乘务单位[亦称"客运（列车）段"]在列车车底交路计划的基础上对客运乘务组的值乘交路进行科学、合理的安排，形成乘务计划。各乘务组按照分配的交路进行担当，以保证乘务单位担当的所有车次都能正常开行。乘务计划编制是高速铁路乘务部门组织、管理工作的重要环节，也是客运乘务组织的核心问题之一。

1. 编制客运乘务计划的影响因素

编制客运乘务计划的影响因素主要有列车运行计划、动车组交路计划、动车段（所）布局、乘务模式、人员配置、工时要求、出退乘地点、交接作业流程等。

（1）列车运行计划。

列车运行计划是客运乘务计划编制的基本依据，其中运行线的数量、运行区段、列车等级、沿途停站时分等内容直接影响到乘务计划（尤其是乘务交路计划）的编制。

（2）动车组交路计划。

动车组交路计划是高速铁路诸多运输组织计划中的一个计划。同时也是乘务计划编制的另一重要基础数据。高速铁路的列车运行计划需要一定数量的动车组来完成，而动车组交路计划则是保证完成这些任务所需要的动车组周转接续方案。

动车组的周转接续方案作为动车组交路计划中的一个关键问题，其不仅影响着动车组的运用数量，也对减少乘务人员（组）的换乘次数等方面有着重要的作用。因此，作为客运乘务计划编制的另一个重要基础数据，良好的动车组交路计划，对提高客运乘务计划的编制质量具有深远的影响。

同时，乘务组的乘务交路计划还必须服从于乘务单位整体的排班要求。在任何一个时刻，某一班组只能担当一个交路；在任何一个时刻，任意交路都有乘务组担当；乘务员月度乘务总工时应接近客运段规定的月度乘务总工时；乘务组担当任意交路，交路中不同接续车次间隔休息时间不同，最短时长应符合规定的换乘时长。

（3）乘务模式。

我国高速铁路客运乘务组织模式基本有两种：以车底交路为基础的包乘模式，以担当区段为基础的轮乘模式。

包乘模式为按照既定列车行驶区段和车次由固定的列车乘务人员（组）包乘完成。根据车底使用情况的不同，可以划分为包车底和包车次两种模式。包车底是乘务人员（组）不仅固定运行区段、列车车次,而且固定值乘某一组列车车底。包车次是一个列车车次(通常称为线路)由不同的几个乘务人员(组)值乘完成,但是不包车底。

轮乘模式是在有较大运行密度旅客列车,并且列车车底种类及编组形式又基本相同的运行区段,为了较为紧凑地组织完成乘务交路和班次,使乘务人员(组)按照固定出乘顺序,分别轮流值乘乘务任务的制度。并可以彼此嵌套运用,不固定某一乘组值乘某一列车。

(4)乘务组人员组成。

高铁乘务组一般由客运乘务人员、随车机械师、司机、公安乘警、随车保洁和餐饮服务人员组成,简称"六乘人员"(或"六乘一体")。列车上保洁、餐饮由社会专业公司承担时,其员工视同列车乘务组成员。列车乘务组人员应当各司其职,在为旅客服务上,接受列车长统一领导。

(5)乘务工时。

高速铁路动车乘务交路中所涉及的"时间"主要有出退勤时间、值乘时间、换乘时间、便乘时间。

出勤和退勤时间是指开始值乘前,以及值乘工作结束后乘务人员(组)需要完成一些出乘准备、退乘等工作的时长,其主要目的是保证乘务交路完成的质量。

值乘时间是指乘务人员(组)担当乘务任务的工作时长。

换乘时间是指乘务人员(组)在担当乘务任务的过程中,根据乘务交路计划更换值乘车次列车而发生的换乘。在换乘阶段,乘务人员(组)需要一些时间来完成工作交接。若乘务交路计划中无换乘计划则不产生换乘时间。

便乘时间指当乘务交路段开始的车站或者结束的车站与乘务人员(组)所属高铁车队(或休息公寓)所在地车站不是同一车站时,乘务人员(组)将通过搭乘"便车"的形式到相关车站担当值乘任务,或者值乘任务结束后通过搭乘"便车"的形式返回所属高铁车队(或休息公寓)所在地车站,该阶段乘务员不进行任何乘务工作,其主要目的是确保乘务交路计划的可实施性。乘务交路各乘务工时分布如图5-1-2所示。

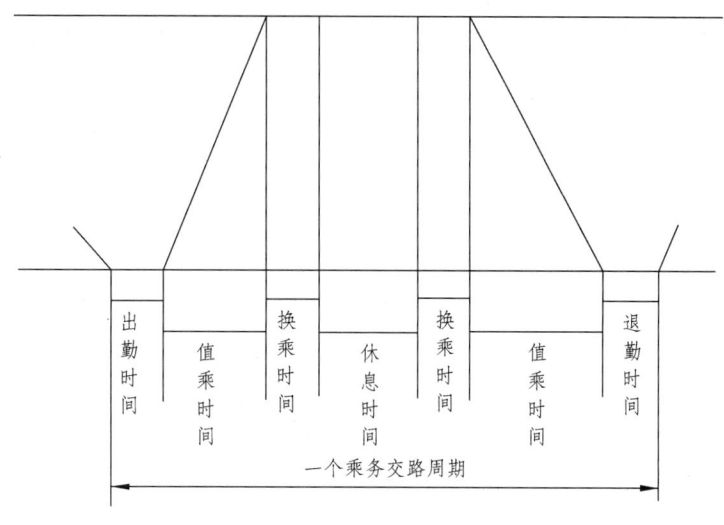

图 5-1-2 乘务交路各乘务工时分布

2. 客运乘务计划的编制

一般高速铁路客运乘务计划是根据既定的列车运行计划、动车组交路计划、乘务模式等条件，考虑优化目标[如总的乘务时间成本最小、需求的乘务人员（组）数量最小、乘务人员（组）工作强度的均衡性等]，对乘务人员（组）在某一时期内的出乘时间、退乘时间、出乘地点、退乘地点以及担当车次的时间和地点、休息时间和地点等给定相应的具体安排，以确保列车运行计划及旅客运输服务任务的完成。编制客运乘务计划可以分编制乘务交路计划与编制乘务排班计划两个阶段。客运乘务计划的编制流程如图 5-1-3 所示。

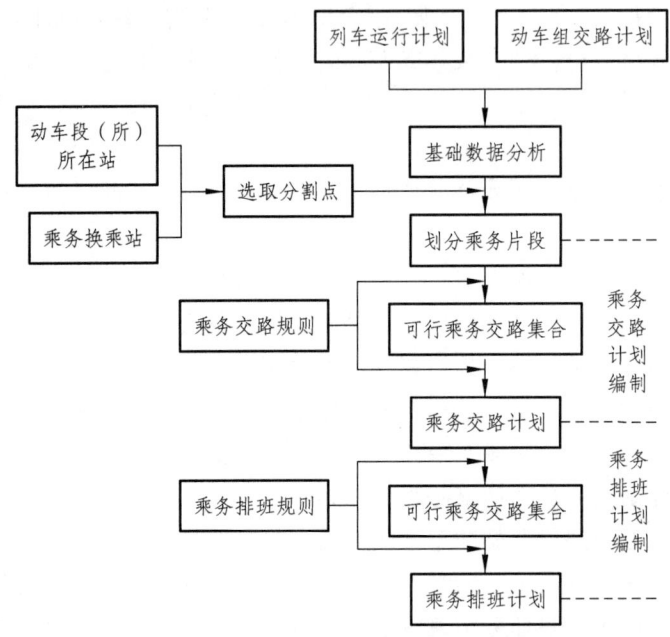

图 5-1-3　客运乘务计划的编制流程

 任务训练

实训项目	高速铁路客运乘务服务管理认知
实训目标	1. 使学生结合实际，加深对高速铁路客运乘务服务管理的认识与理解。 2. 培养学生高速铁路客运乘务服务管理学习的兴趣。
实训内容及组织	由教师组织，学生自愿组成小组，每组 6~8 人，选择以下题目分析高速铁路客运乘务服务管理。 1. 分析高速铁路客运乘务服务管理架构。 2. 分析客运段管理内容。 3. 分析高速铁路客运乘务车队管理内容。 4. 分析高速铁路客运乘务班组管理内容。
实训考核	1. 每组提交一份实训报告。 2. 各组进行汇报。 3. 教师根据各组的实训报告与课堂汇报进行评估。

任务二 复兴号动车组列车客运服务沟通技巧

思政素质目标

尊重劳动、热爱劳动；诚实守信、爱岗敬业，具有精益求精的工匠精神；顾全大局，团结互助。

职业目标

能够按照复兴号动车组服务质量标准做好服务沟通工作。

知识目标

掌握复兴号动车组列车客运服务沟通相关内容。

相关知识

高速铁路客运乘务服务作业组织包括出乘准备作业、出乘作业、途中作业、退乘作业几个乘务阶段的作业组织。

一、高速铁路客运乘务各岗位职责

（一）列车长岗位职责

（1）执行规章制度，服从调度指挥，完成上级布置的各项任务。
（2）全面负责班组安全、服务质量等工作巡视与考核。
（3）根据列车客流等实际情况，对列车工作人员服务区域进行调整。
（4）根据担当乘务的实际情况，合理安排列车工作人员倒替就餐，轮流值乘，杜绝有空岗的现象出现。
（5）召开"六乘"会议，乘务人员做好旅客服务工作，乘警做好列车治安工作，机械师做好列车设备设施检查工作，确保旅客运输工作平稳有序。
（6）负责乘务组出乘前的手机收取和统一管理工作，在退乘会时进行统一发还，并填写手机管理台账。
（7）负责班组职工的日常业务学习和岗上培训。
（8）负责对保洁作业进行指导、检查和验收。
（9）负责餐饮供应的监督和检查。
（10）负责做好重点旅客的服务和安排。
（11）受理旅客投诉，帮助旅客解决困难。
（12）负责应急情况的处置和指挥，并及时向路局客调及本单位汇报。
（13）负责乘务组在折返站及住宿公寓期间的管理。

（14）负责各类信息的反馈，并提出工作改进建议。
（15）完成上级交办的其他工作任务。

（二）指导列车长岗位职责

（1）执行规章制度，服从调度指挥，完成上级布置的各项任务。
（2）全面负责指导单位值乘列车乘务工作，协同列车长对班组安全、服务质量等工作巡视与考核。
（3）按照国家政策、法令和各项规章制度为旅客办理各项补票业务，做好票据、票款保管工作。
（4）根据列车客流等实际情况，协同列车长对列车工作人员服务区域进行调整。
（5）根据担当乘务的实际情况，合理安排列车工作人员就餐、间休的时间和地点。
（6）协同列车长召开"六乘"会议，布置乘务工作，组织、指挥、协调各工种之间的配合。
（7）指导班组职工的日常业务学习和岗上培训。
（8）对保洁作业进行指导、检查和验收。
（9）指导餐饮供应的监督和检查。
（10）协同列车长做好重点旅客的服务和安排。
（11）受理旅客投诉，帮助旅客解决困难。
（12）负责应急情况的处置和指挥，并及时向路局客调及本单位汇报。
（13）协同列车长负责乘务组在折返站及住宿公寓期间的管理。
（14）负责各类信息的反馈，并提出工作改进建议。
（15）完成上级交办的其他工作任务。

（三）列车值班员岗位职责

（1）在列车长的领导下，认真完成各项乘务工作。
（2）协助列车长指导各岗位列车员做好列车服务和安全工作，保持车容整洁。
（3）按照国家政策、法令和各项规章制度为旅客办理各项补票业务，做好票据、票款保管工作。
（4）对随车保洁及餐服人员的作业进行督导、检查并向列车长反馈保洁及餐服人员作业情况。
（5）落实首问首诉负责制，积极解决旅客诉求。
（6）根据预案分工和列车长安排，做好应急情况的处置工作。
（7）及时向列车长反馈各种信息，提出工作改进建议。
（8）完成列车长交办的其他工作。

（四）列车员（商务座、特一等座、二等座）岗位职责

（1）服从列车长的领导，认真完成各项乘务工作。
（2）负责列车服务和安全工作，保持车容整洁。

(3)负责检查车内各种安全、服务设备设施和备品。

(4)负责列车广播工作。

(5)对随车保洁及餐服人员的作业进行督导、检查并向列车长反馈保洁及餐服人员作业情况。

(6)对重点旅客做到重点服务。

(7)落实首问首诉负责制,积极解决旅客诉求。

(8)根据预案分工和列车长安排,做好应急情况的处置工作。

(9)及时向列车长反馈各种信息,提出工作改进建议。

(10)完成列车长交办的其他工作。

高速铁路客运乘务各岗位关联图如图5-2-1所示。

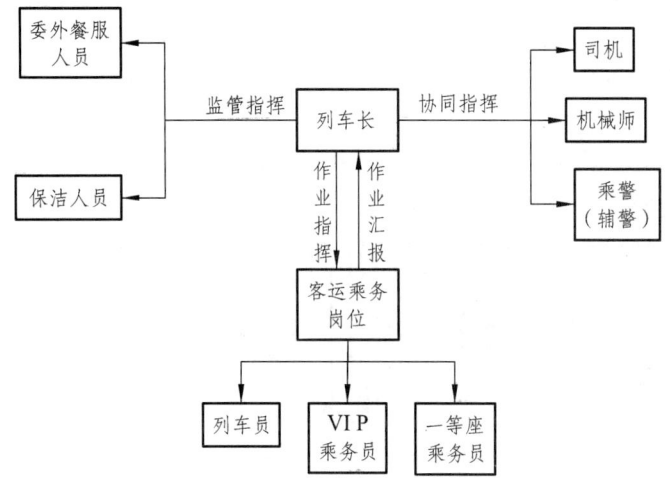

图5-2-1 高速铁路客运乘务各岗位关联

二、复兴号动车组客运服务设备设施

复兴号动车组客运服务设备设施包括乘务员室、洗面间、厕所、电气控制柜、备品柜、储藏柜、清洁柜、衣帽柜、大件行李存放处、广播、空调、电茶炉、饮水机、照明灯具、电子显示屏、电视机、车载视频监控终端、控制面板、电源插座、车门、端门、儿童票标高线、地板、车窗、翻板、站台补偿器、窗帘、座椅、脚蹬、小桌板、靠背网兜、座席号牌、衣帽钩、行李架、垃圾箱、洗手盆、水龙头、梳妆台、面镜、便器、洗手液盒、一次性坐便垫盒、卫生纸盒、擦手纸盒、婴儿护理台、镜框、洗脸间、商务座车小吧台、呼唤应答器、阅读灯、扶手、呼叫按钮、沙发、餐桌、吧台、冰箱、展示柜、微波炉、电烤箱、售货车。

CR400AF-B动车组列车设备设施如图5-2-2所示。

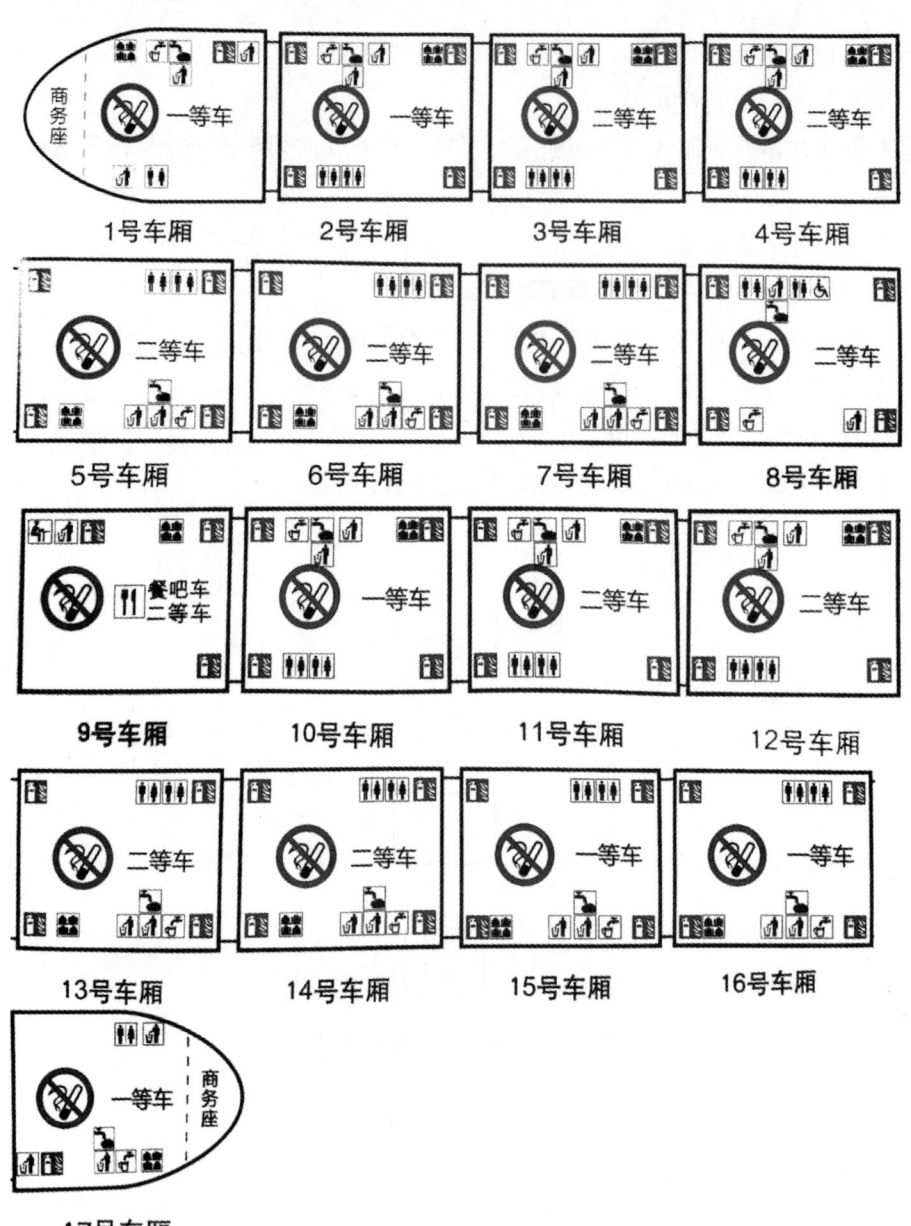

图 5-2-2　CR400AF-B 动车组列车设备设施

客运乘务相关备品设备及证件见表 5-2-1。

表 5-2-1　客运乘务相关备品设备及证件

名　称	配备标准
移动补票机	短编 2 台/长编 3 台
卷　尺	班组 1 个
安卓手机终端	班组 1 台：GSM-R 手持终端配备，站车交互系统使用，客运管理信息系统使用，高铁配餐系统使用

续表

名　　称	配备标准
手持电台	客运/餐服每人 1 台
车厢视频记录器	每车厢 2 台
音视频记录仪	列车长/安全员/值班员每人 1 台
反恐装备	车底 1 套
红十字药箱	班组 1 个
口笛	列车长 1 个
保洁工具	保洁每人 1 套
上岗证件	客运/餐服/保洁每人 1 张
健康证	客运/餐服/保洁每人 1 张
红十字救护员证	客运每人 1 张

三、列车员作业流程、作业内容及质量标准

复兴号动车组列车列车员作业流程、作业内容及质量标准见表 5-2-2。

表 5-2-2　列车员作业流程、作业内容及质量标准

作业流程	作业内容	质量标准
出乘作业	出乘准备	按照车队规定，出乘前一天 17:00 准时到达车队，学习室集合，落实请销假制度
		整理人容着装，妆容标准，符合《复兴号动车组服务质量标准》
		参加出乘会，听取列车长传达当趟重点工作内容、乘务工作要求，掌握当趟安全预警。在列车长带领下进行业务学习，重点练习英语、手语
		检查出乘备品，电台、耳机、站车无线交互系统、音视频记录仪、录播器、车门钥匙、医药箱、反恐防暴备品等携带齐全，作用良好。红十字救护证、上岗证、健康证等证件有效
		上交手机，填写《手机管理台账》。在列车长带领下登录电子考勤系统进行出乘作业
接车作业	站台接车	到分拨中心请领服务备品数量齐全，包装完好。检查小食品、饮品生产日期及有效期，数量充足，包装完好，交接清楚，签字确认
		开车前一小时与分拨中心配送人员一同在值乘车厢站台盲道外 1 米处标准站姿等候接车。长编在 1、16 号车厢，短编在 1、8 号车厢，重联动车组分别在 1、8、9、16 号车厢。配送车统一放在身体右侧，与站台平行，制动停放
	登乘列车	将服务备品规定位置放。乘务箱定位放置在 3 号、6 号（重联 11 号车、14 号车）车厢备品柜内，反恐备品放置在 5 号（重联 13 号车）备品柜内，柜门及时锁闭

续表

作业流程	作业内容	质量标准
接车作业	登乘列车	旅客放行前，将商务车端门处于手动开启状态，打开商务广播设备
	出库验收	按照对所负责车厢灭火器、紧急破窗锤等消防设备；电茶炉、座椅、婴儿护理台、大件行李处行李放置架等服务设施、车厢内标识顺序进行检查，检查防护网、渡板、乘降梯等应急设备，确保配置齐全，作用良好，定位放置，发现问题向列车长汇报
		依据出库卫生质量标准对出库列车各部位卫生清洁情况进行全面验收检查，检查头枕片、座套、网袋清理情况，服务指南、杂志、清洁袋定位摆放情况，卫生间、洗手间卫生纸、抽纸、座便垫、洗手液定型定位情况，剩余消耗品数量及定位存放情况，配备齐全、定位放置，定型统一。对存在的问题要求保洁人员立即整改并及时向列车长汇报。检查顺序与设备检查同步进行
始发作业	始发立岗	立岗位置。原则上短编车位于 1 车 1 位、8 车 2 位面向旅客登乘车门车内立岗，重联车位于 1 车 1 位、8 车 2 位、9 车 1 位、16 车 2 位面向旅客登乘车门车内立岗，迎接旅客上车。如列车长始发期间有其他要求，按照车长指示落实
		始发立岗期间，站姿规范、面带微笑。向旅客示意问好，手势指引旅客乘坐位置方向，致欢迎词"您好，欢迎乘车"。遇重点旅客、常旅客乘车时，主动迎候引导至席位，妥善安排
		开车前 10 分钟对负责车厢行李架、大件行李进行一巡视检查，重点关注车厢行李架旅客行李物品码放是否牢固稳妥，及时纠正
	汇报乘降	始发前 5 分钟，按照规定车门口位置在开启车门处盯控站台旅客登乘情况，提示车门口旅客及时上车
		站台铃响后，听从列车长指令按照由小号至大号顺序依次电台向列车长汇报站台旅客乘降情况，用语："G××次列车长，×车至×车旅客上下完毕。"列车开行后车门口规定标准立岗，行注目礼出站
	始发巡视	确认值乘车厢车门关闭情况，发现异常及时汇报
始发作业	商务作业	使用手持终端机掌握商务座旅客信息，提示询问用语："(××先生、××女士)您好，请问您是到达××站吗？"旅客确认后向旅客提示"您到达××站的时间为×点××分"，了解询问旅客赠品、服务备品需求，根据实际情况按 ACDF 顺序逐排发放赠品，服务用语："您好，我们为您赠送小食品和饮品（饮品有碳酸饮料、果汁、矿泉水、苏打水、咖啡、茶水），请问您需要哪一种？"同时提供一次性小毛巾。服务完毕后，提示旅客手机妥善保管，防止掉入座椅缝隙，将商务座广播系统调至静音，将商务自动门调整为自动状态。如需赠餐服务，发放赠品期间登记旅客用餐需求。同步对旅客行李进行妥善整理，对重点旅客在站车交互系统中标注，并悬挂中国结进行提示
	一等作业	使用手持终端机掌握一等座旅客信息，对一等座旅客进行赠品发放及到站提示服务，服务用语："(××先生、××女士)您好，请问您是到达××站吗？"旅客确认后向旅客提示"您到达××站的时间为×点××分"。按 ACDF 顺序逐排发放赠品，用语："您好，请问您需要哪种饮品，我们有……"对旅客需要越站、升舱等需要票务处理的及时向列车长汇报。再次同步对行李架、大件行李处进行整理，按照人身安全卡控项点进行巡视，做好提示。同步对行李架、大件行李整理，对重点旅客在站车交互系统中标注，并悬挂中国结进行提示

续表

作业流程	作业内容	质量标准
始发作业	二等作业	对行李架、大件行李整理，同步使用手持终端机掌握二等座旅客信息，对席位显示绿灯、黄灯、特殊票种旅客进行针对性核票，减少对其他旅客的干扰。对座席实际使用与系统不符的，及车厢连接处旅客、无座旅客进行重点查验，对旅客需要越站、升舱等需要票务处理的及时向列车长汇报。同时按照人身安全卡控项点进行巡视，做好提示。对重点旅客在站车交互系统中标注，并悬挂中国结进行提示
途中作业	适需服务	按照有需求有服务，无需求不打扰的原则，商务座、一等座、二等座每半小时巡视一次，观察旅客乘车需求，适需主动提供服务。检查车内安全重点部位，盯控设备使用情况，发现问题及时汇报
		盯控车内环境卫生质量，车内垃圾随时收取。对车厢、卫生间、洗面间、电茶炉、垃圾桶等位置清洁状态进行检查，对卫生纸、擦手纸、座便垫、清洁袋、纸杯等消耗品及时补充，垃圾装袋定位放置。关注车厢温度，保持车内温度体感舒适
		落实首问首诉，解答问询准确，处理问题及时
		商务旅客呼唤铃响，及时响应，并提供适需服务，用语："您好，请问您有什么需要？"
		关注常旅客乘车情况，对常旅客乘车需求及建议及时向列车长反馈
		进入隧道前根据列车广播及视频内容向旅客宣传"耳鸣操"，缓解耳鸣不适反应
		巡视中遇突发情况开启视频记录仪进行录制，及时并向列车长汇报
	乘务用餐	根据列车长安排分班到餐车用餐，餐食统一由餐服人员负责加热，其他人员不得擅自使用餐车设备加热餐食，用餐期间用规定挡帘遮挡。用餐完毕向列车长汇报，回到值乘车厢
站停作业	到站前准备	协助指导乘服员及时恢复车厢内卫生及消耗品补充，垃圾装袋封口定位放置
		到站前5分钟，轻声提示商务座到站旅客做好下车准备，用语："您好，××站就要到了，请您检查随身携带行李物品，手机不要遗忘，做好下车准备。"使用专用托盘将垃圾收取，空余座席卫生、座椅角度、靠背袋恢复到位，头枕片做到一客一换
		进站前规定位置车门口立岗，组织旅客做好下车准备，协助引导重点旅客优先下车
		列车进站，首车乘务员电台向列车长汇报列车停靠站台方向，尾车乘务员汇报列车尾部车厢进站情况
	组织乘降	确认值乘车厢车门开启情况，发现异常及时汇报，立即组织等候旅客从邻近车门下车
		遇司机换乘站，做好旅客解释引导，确保司机优先上车
		列车开门后，车门外面向旅客出站方向立岗，手势指引出站方向，引导旅客有序乘降，加强车门口安全提示，扶老携幼，先下后上，有序乘降，避免拥挤
		停站过程中，在时间允许的情况下在站台上对所负责车厢进行巡视，对站台上的旅客做好宣传，防止误乘、漏乘

续表

作业流程	作业内容	质量标准
站停作业	联控汇报	站台铃响后确认车门口无上下车旅客，按照车长命令依次从小号至大号车厢电台向列车长汇报旅客乘降情况。用语："G××次列车长，×车至×车旅客上下完毕。"列车开启后车门口规定标准立岗，行注目礼出发
	立岗出站	车门关闭后，在车门口面向站台立岗，盯控车门关闭，行注目礼出发
折返站作业	到站前准备	最后一个运行区间或终到前30分钟，按照终到卫生作业标准对车厢卫生进行恢复清理，做到地面清洁无杂物，垃圾装袋存放在不开门一侧车门处，洗面间、卫生间地面干净无污水，镜面光亮，洗手盆清洁畅通
		到站前5分钟，提示商务座旅客做好下车准备，用语："您好，列车终点站就要到了，请您检查随身携带行李物品，手机不要遗忘，做好下车准备。"使用专用托盘收取垃圾
		进站前按规定位置立岗，组织旅客做好下车准备，协助引导重点旅客优先下车
		列车进站，首车乘务员电台向列车长汇报列车停靠站台方向，尾车乘务员汇报列车尾部车厢进站情况
	组织乘降	确认值乘车厢车门开启情况，发现异常及时汇报
		车门开启后退回至不开车门一侧立岗，引导旅客有序下车，加强安全宣传，做好车门口缝隙的有关提示，扶老携幼，避免拥挤
	终到检查	确认所有旅客下车完毕，车内无闲杂人员，检查旅客遗失品，向列车长汇报
		对全列车内设备、阴暗部位进行检查，确认无安全隐患
	折返整备	配合折返保洁班组作业，消耗品、杂志、指南整理到位
		盯控垃圾投放情况，垃圾袋封口，无渗漏，站台指定位置投放
		更换商务座头枕片、补充商务座、一等座小食品、饮品，做好折返始发工作准备
	折返退乘	① 站台中部列队集合，听取列车长点评酬工作。 ② 按规定线路行走，集体列队入住异地公寓。 ③ 保持公寓卫生，服从公寓管理制度，杜绝两纪问题，外出落实请销假制度
终到站作业	站前准备	最后一个运行区间或终到前30分钟，按照终到卫生作业标准对车厢卫生进行恢复清理，做到地面清洁无杂物，垃圾装袋存放在不开门一侧车门处，洗面间、卫生间地面干净无污水，镜面光亮，洗手盆清洁畅通，收起小桌板和遮光帘。收取整理旅客不使用的备品、消耗品
		到站前5分钟，提示商务座旅客做好下车准备，用语："您好，列车终点站就要到了，请您检查随身携带行李物品，手机不要遗忘，做好下车准备。"使用专用托盘收取垃圾
		整理商务座剩余小食品、饮品及消耗品，做好登记，向列车长汇报
		进站前在始发立岗位置立岗，组织旅客做好下车准备，协助引导重点旅客优先下车
		列车进站后，首车乘务员电台向列车长汇报列车停靠站台方向，尾车乘务员汇报列车尾部车厢进站情况

续表

作业流程	作业内容	质量标准
终到站作业	到站作业	确认值乘车厢车门开启情况,发现异常及时汇报。及时组织旅客从邻近车门下车
		车门开启后退回至不开车门一侧立岗,面向旅客下车方向,手势引导并与下车旅客道别,致送别语:"注意脚下安全,欢迎您再次乘车。"对行动不便重点旅客做好帮扶和站车交接准备
		确认所有旅客下车完毕,车内无闲杂人员,检查旅客遗失品,登记污渍座椅套,向列车长汇报
		对全列车内设备、阴暗部位进行检查,确认无安全隐患
		收取服务备品,清点数量,整理到位,脏品、净品分开存放,做好与分拨中心交接的准备
		与库内保洁员进行脏净头枕片交接和入库重点卫生提示
	退乘点评	站台中部列队集合,听取列车长点评趟工作。
	交接备品	受车长指派,协助配送接车人员一同前往分拨中心清点备品数量、更换脏品
		受车长指派,入库后服务备品清点,与库管员或交接人员交接准确,签字确认
		按指定路线与班组汇合,返回车队
退乘作业	列队退乘	① 在列车长的带领下按照规定路线列队出站。 ② 在列车长带领下车队登录电子考勤系统进行退乘

值乘 17 辆编组复兴号列车,列车停稳后尾部车厢乘务员做好列车尾部进入站台确认,并电台告知列车长,确保列车乘降安全。

四、复兴号动车组服务沟通技巧

(一)立岗服务沟通

1. 始发立岗

标准站姿,面带微笑,示意点头,主动问好,手势引导旅客前往车厢方向。重点旅客引导帮扶入座,稳妥安置行李。有常旅客时,与车站配合,车外迎接并引导入座。遇外宾主动用英语问好,如有询问则解释准确,引导到位。

服务用语:"您好,欢迎您乘车!"

2. 途中到站、终到站立岗

面向出站方向,手势引导旅客出站。帮扶重点旅客提拿行李,提示下车旅客注意脚下安全,以每 3~5 人下车提示一次的频率执行。途中到站提示站台吸烟、停留旅客及时上车。

服务用语:"请注意脚下安全,欢迎再次乘车!""列车就要开车了,请您抓紧时间上车!"

（二）始发服务沟通

1. 商务车厢服务沟通

复兴号智能动车组商务车厢配备了无线充电装置，支持无线充电功能的手机放上去可以立即进行充电，此外座椅还有加热和按摩等功能。座椅可进行 90 至 180 度调整、360 度旋转，旅客可以利用座椅内侧的调节按钮自行调整；座椅扶手后方设有阅读灯；座椅扶手下设有小桌板。复兴号智能动车组商务车厢及座椅调节按钮如图 5-2-3 所示。

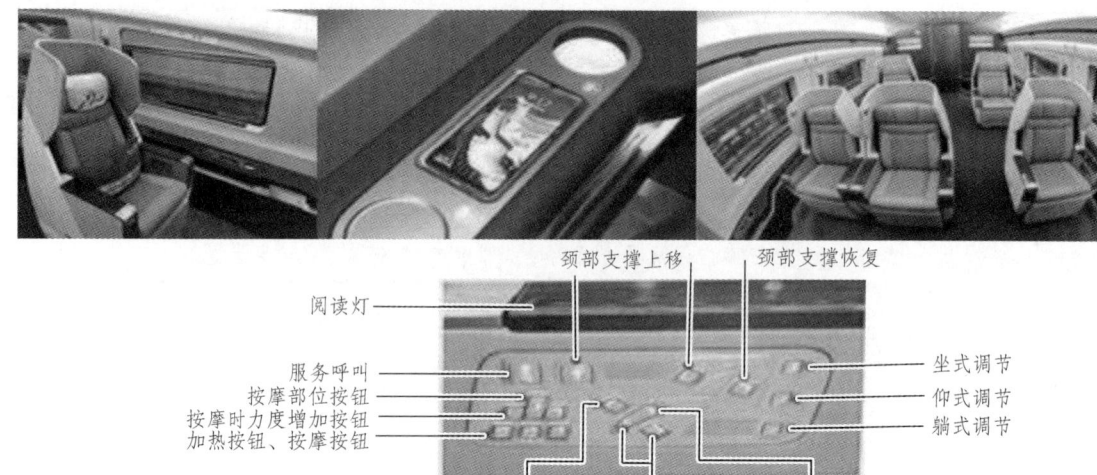

图 5-2-3　复兴号智能动车组商务车厢及座椅调节按钮

（1）通过站车交互系统掌握旅客乘车信息。根据旅客人数选择推车服务或托盘服务。

（2）逐人问候、发送赠品、询问饮品和用餐需求，清真旅客重点标注提示；主动询问旅客是否需求防寒毯、眼罩、耳塞，适需提供。

（3）冬季提示旅客使用座椅电加热功能。

（4）向使用手机旅客主动介绍商务座无线充电功能，并提示旅客手机防止掉入座椅缝隙。

（5）如旅客处于休息状态，则在不干扰旅客的情况下，将赠品摆放在一旁，视情况主动帮助旅客盖防寒毯，途中择机询问餐饮需求。

（6）在站车交互系统标注重点旅客。遇外宾，主动沟通，满足需求。

（7）整理车厢旅客行李，妥善安置在大件行李处或车厢最后一排座椅后。服务期间说话语气柔和，音量适中。

服务用语："您好，请问您是在××站下车吗，××站到站的时间是×点×分。""这是我们为您准备的小食品。""我们准备的饮品有……，请问您喝点什么？""请问您在车上用餐吗？我们准备了……，请问您需要哪种？""请问您需要防寒毯吗？""请问您需要耳塞吗？""请问您需要眼罩吗？""您好，我可以帮您把行李安放到……吗？"

2. 一等车厢服务沟通

（1）根据站车交互系统数据，在航空车台面准备赠品、饮品，推车进入车厢服务。

（2）逐人问候，使用站车交互系统结合席位显示免干扰核票，对席位不符、特殊票种旅客要求出示车票或电子票信息进行核验，其他旅客不要求出示车票，直接在站车交互系统席位管理模块标注"已验"。标注重点旅客并在席位衣帽钩处挂中国结。

（3）发送赠品，询问饮品。如旅客处于休息状态，则在不干扰旅客的情况下，将赠品摆放在一旁。

（4）遇外宾，主动沟通，满足需求。

（5）整理车厢旅客行李，妥善安置在大件行李处或车厢最后一排座椅后。服务期间说话语气柔和，音量适中。

服务用语："请出示您的有效身份证件或电子票凭证。""您好，这是我们为您准备的小食品。""我们准备的饮品有……，请问您喝点什么？""您好，我可以帮您把行李安放到……吗？"

3. 二等车厢服务沟通

（1）使用站车交互系统结合席位显示免干扰核票，对席位不符、特殊票种旅客要求出示车票或电子票信息进行核验，其他旅客不要求出示车票，直接在站车交互系统席位管理模块标注"已验"。标注重点旅客并在席位衣帽钩处挂中国结。

（2）整理车厢旅客行李，妥善安置在大件行李处或车厢最后一排座椅后。服务期间说话语气柔和，音量适中。

服务用语："请出示您的有效身份证件或电子票凭证。""您好，我可以帮您把行李安放到……吗？"

（三）途中服务沟通

1. 商务车厢

（1）补充饮品：巡视期间带热水壶，主动询问饮用茶水旅客是否需要添加热水。

（2）收取垃圾：使用专用托盘，及时清理收取旅客废弃物，收取前主动询问旅客是否需要，如旅客休息则不予干扰。

（3）供餐服务：与餐服配合，使用专用托盘，一客一餐。餐盘摆放标准为：左侧摆餐，右上摆汤，右下摆小毛巾，最右侧摆餐具，按照旅客用餐时间，准时将餐送至席位。帮助旅客打开小桌板，放置餐盘，请旅客用餐，提示旅客注意汤品温度，防止烫伤。

（4）适需服务：呼叫铃响，先掌握旅客席位，恢复呼叫铃状态。询问该旅客需求并适需服务。

（5）到站提示：根据站车交互系统信息，到站前5分钟轻声提示旅客到站，帮助重点旅客做好下车准备。

（6）席位复用：更换头枕片，恢复卫生。

服务用语："请问您需要加点水吗？""您好，不需要的垃圾帮您清理一下，好吗？""您好，您的用餐时间到了，请您用餐时注意汤的温度较高，祝您用餐愉快。""您好，请问您有什么需要？""您好，××站马上到了，请您做好下车准备，不要遗忘行李和手机，下车注意站台与列车之间的缝隙。"

2. 一等车厢

复兴号智能动车组一等座头靠增加了包裹感，私密性更强，头枕可折叠，腰靠更加舒适。

座椅设有靠背调节按钮,旅客可以利用座椅扶手内侧的调节按钮调整角度;前排座椅后方设有脚踏板;扶手上设有充电口,供电子设备进行充电。复兴号智能动车组一等座席车厢如图 5-2-4 所示。

图 5-2-4　复兴号智能动车组一等座席车厢

（1）主动关注、询问重点旅客需求,适需提供帮助。复用旅客发放赠品、饮品,帮助安放大件行李。

（2）发现车厢、卫生间、洗面间卫生问题及时呼叫保洁清理打扫。

（3）制止旅客不文明乘车行为。

（4）主动解答旅客询问。

（5）遇接打开水旅客主动讲解新型液晶屏茶炉使用方法,帮助旅客取水,提示注意安全。复兴号智能动车组液晶屏茶炉如图 5-2-5 所示。

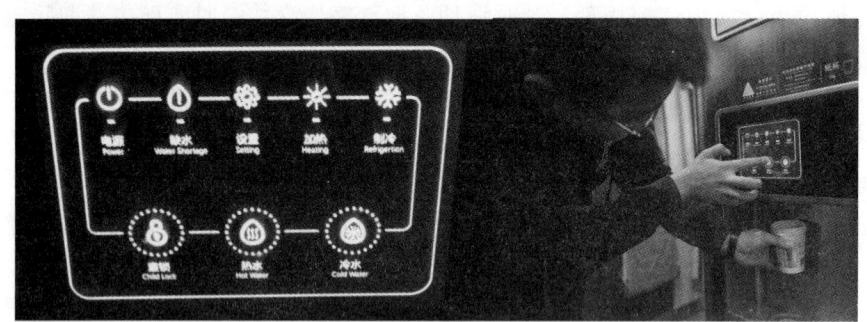

图 5-2-5　复兴号智能动车组液晶屏茶炉

服务用语:"您好,请问您有什么需要?""您好,请您使用耳机,不要打扰到其他旅客。""请您不要踩踏墙壁（座椅）。""您好,请您轻声接打电话（交谈）,避免打扰其他旅客。"

3. 二等车厢

复兴号智能动车组二等座席座椅设有靠背调节按钮,旅客可以利用扶手上的调节按钮调整靠背角度;座椅下方的充电口设有两孔、三孔插座和 USB 接口;小桌板上印有"中国铁路"微信公众号、铁路 12306App 等二维码,方便旅客关注和下载。无障碍卫生间位于 4 号车厢,设有扶手、紧急呼叫按钮、婴儿护理台等设施。二等座席车厢如图 5-2-6 所示。

图 5-2-6　复兴号智能动车组二等座席车厢

（1）主动关注、询问重点旅客需求，适需提供帮助。
（2）发现车厢、卫生间、洗面间卫生问题及时呼叫保洁清理打扫。
（3）制止旅客不文明乘车行为。
（4）对席位不符、站立、席位复用旅客用站车交互系统核验车票。
（5）遇接打开水旅客主动讲解新型液晶屏茶炉使用方法，帮助旅客取水，提示注意安全。

服务用语："您好，请问您有什么需要？""您好，请您使用耳机，不要打扰到其他旅客。""请您不要踩踏墙壁（座椅）。""您好，请您轻声接打电话（交谈），避免打扰其他旅客。""您好，小桌板承重有限，请不要趴在上面休息（请不要在上面放置重物）。"

4. 遇旅客接打开水

主动介绍使用功能，提示旅客不要接水过满，小心烫伤。

服务用语："您好，请您先按红色按钮解锁，再按绿色按钮接水。不要接得过满，小心烫伤。"

5. 遇旅客水杯敞盖

服务用语："您好，请您把杯盖盖好，放入杯槽，小心烫伤。"

6. 旅客询问充电口位置

引导并明示充电口位置。

服务用语："您好，电源插座在两个座椅中间，请您使用时注意安全，不要使用大功率电器。"

7. 整理行李架

提示旅客取下水杯、水瓶、雨伞等易掉落物品。将垂落书包带卷起收入行李架边缘内。需要挪动或放倒行李前要征得旅客同意。地面万向轮行李箱如要放倒必须征得旅客同意。

服务用语："您好，请问是哪位旅客的行李，……""我可以帮您把行李……"

8. 遇坐轮椅旅客

主动询问旅客是否能坐到座位上，主动安排其在残疾人卫生间附近席位就座，主动介绍残疾人卫生间使用方法，途中重点关注，主动提供帮助。

服务用语："您好，我帮您把座位调整至 4 号车厢好吗？4 号车厢卫生间空间大一点，您使用时会更加方便。""您好，我帮您把轮椅放置在座椅最后一排好吗？到站前我会协助您拿取。"

9. 遇哺乳期旅客

主动安排调换在残疾人卫生间附近席位就座，主动介绍婴儿护理台使用方法，询问喂奶是否需要遮挡巾，途中重点关注，主动提供帮助。

服务用语："您好，4 号车厢的卫生间内设置了婴儿护理台，方便您给宝宝更换尿布。如果有需要您可以与我联系。"

10. 遇有旅客倚靠车门

主动提示旅客车门紧急按钮的位置，提示旅客不要触碰，态度和蔼、音量适中。

服务用语："您好，为了您的安全，请您不要倚靠车门，防止发生意外。"

11. 遇儿童乘车

提示旅客看管好自己的孩子，不要在车厢内跑跳玩耍，耐心做好解释工作，态度和蔼，提示旅客车厢内安全隐患部位，加强现场盯控。对单独携带儿童的旅客或生病的儿童协助旅客进行看管，及时提供便利条件。下车时引导旅客使用直梯出站。

服务用语："您好，由于列车运行速度较快，为了安全请您看管好您的孩子，防止发生意外。""您好，站台设有直梯，为了孩子的安全，请您乘坐直梯出站。"

12. 遇盲人旅客

引导旅客到座位上，帮助协调至便于出入的座位，协助放置行李物品，并告知行李放置位置，主动询问旅客需求，及时提供帮助。运行中加强巡视盯控，到站前及时做好宣传提示，帮扶旅客拿取行李物品，并引导至车门处做好下车准备。

服务用语："您好，欢迎您乘车，请问有什么可以帮您的吗？""你好，到站前我会来帮助您，在旅途中如果有任何需要，请您与我联系，我会随时服务在您的身边。"

（四）终到服务沟通

1. 商务车厢

（1）收取垃圾：使用专用托盘，及时清理收取旅客废弃物，收取前主动询问旅客是否需要。

（2）到站提示：唤醒睡觉旅客，提示所有旅客列车马上到达终点站，收拾随身物品，提示旅客不要遗忘物品，做好下车准备。

服务用语："各位旅客，终点站马上到了，请大家做好下车准备，不要遗忘行李和手机，下车注意站台与列车之间的缝隙，我们下次旅途再会。"

2. 一等、二等车厢

主动关注、询问重点旅客需求，适需提供帮助。

服务用语："您好，请问有什么可以帮您的吗？"

五、复兴号动车组电子客票服务沟通

(一) 列车电子客票查验

高铁列车站车交互终端要及时下载数据,准备充分,通信设备校对准确。列车长登录站车交互系统下载客票数据,掌握折返始发客流情况。检查各岗位人员始发准备工作,准备完毕后组织乘务人员按始发要求立岗迎接旅客上车。

高铁列车实施电子乘车信息核验,对旅客进行无干扰查票。

(二) 动车组列车补票服务沟通

乘务员结合席位显示系统或站车交互系统(席位显示系统故障时)针对性查票,红色显示席位免扰,只针对橙色和绿色显示席位、站立旅客核验车票。对无票、延长、漏检、减价不符及其他需要办理补票的旅客,引导其办理补票手续。对违规使用票、证行为按收入管理规定处理,对符合失信人条件的,列车长及时汇报,乘务单位录入征信管理系统。商务座、一等座乘务员根据席位显示系统或站车交互系统准确掌握旅客车票和到站信息,不再核验旅客票、证。

电子客票版站车交互系统界面如图 5-2-7 所示。

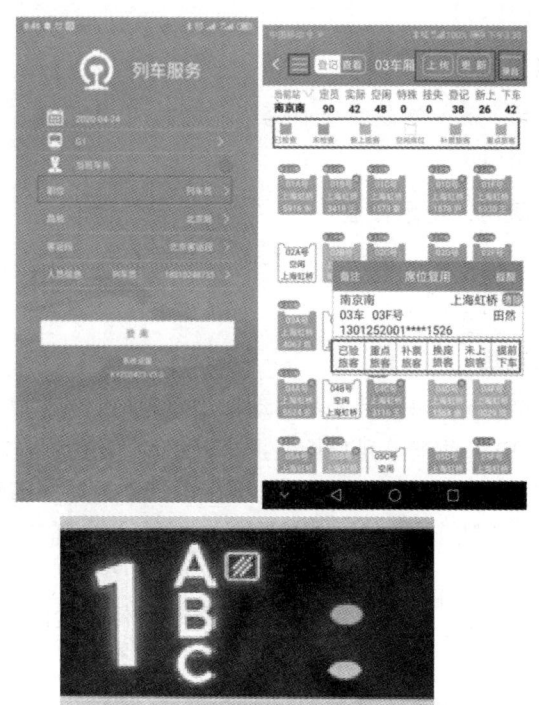

图 5-2-7 电子客票版站车交互系统界面

当旅客需要补票时,要查询电子信息,确认原票信息,按照实际情况办理相关票务业务。

服务用语:"您好,请问您需要办理什么业务?""您好,请问您是需要办理延长票吗?请您在座位上耐心等候,我会通知列车长到座位上帮您办理。"

六、对讲机规定用语

（一）列车长与司机通话用语

1. 接车前列车长与司机电台规范用语

列车进站停稳后使用一频通知司机开启车门。

列车长："××次司机，我是××本务车长×××，乘务组接车，请您开启全列车门。"

司机："××次司机明白。"

2. 始发前核对电台、时间、G网尾号

列车长："××次司机，我是××次列车长×××，G网尾号为××××，现与您对时。"

司机："××次车长，我是本务司机×××，G网尾号××××，现在时间是××点××分。"

列车长："××点××分，时间一致，电台通话良好。"

司机："电台通话良好，司机明白。"

3. 开车前通知司机关闭车门（按钮不在司机室的通知随车机械师）

列车长："××次司机，旅客上下完毕，请关门。"

司机："××次司机明白。"

4. 终到站通知司机关闭车门

列车长："××次司机，××次站台作业完毕，请关门。"

司机："××次司机明白。"

5. 终到站在站进行吸污、上水作业

列车长："××站值班员，××次列车旅客上下完毕，客运作业完毕，乘务组退乘。"

车站值班员："××站明白。"

6. 动车组开关车门规定

（1）列车长在确认旅客上下完毕后（两组动车组重联时，运行方向后组动车组列车长确认本组旅客上下完毕，向前组动车组列车长汇报，前组动车组列车长在确认全列旅客上下完毕后），使用手持电台呼叫："××次司机（按钮不在司机室的通知随车机械师），旅客上下完毕，请关门。"动车组司机（随车机械师）应答"××次司机（随车机械师）明白"后，操作控制开关关闭车门。

（2）动车组出动车段（所）到达始发站后，应将车门保持关闭状态。司机（按钮不在司机室的由随车机械师）根据列车长的通知开门。列车工作人员不得擅自开关车门。

（3）动车组列车到达终到站后（在站折返时除外），在站不进行吸污、上水作业时，列车长确认旅客下车完毕、客运终到作业结束，通知司机关闭车门；在站进行吸污、上水作业时，列车长确认旅客下车完毕、客运终到作业结束，与车站客运人员联系后组织退乘，车站客运人员确认列车客运乘务组退乘完毕，确认列车吸污、上水等作业完毕后通知司机关闭车门。

（二）列车长与乘务员通话用语（用各自的内部频）

1. 接车后乘务员电台规范用语

列车长："G×××次乘务员，请检查各自值乘车厢设备设施及卫生情况，逐一汇报。"
列车员："G×××次列车长，x-x车厢设备设施良好。"
列车长："各车厢乘务员站方开始检票了，请站在规定位置迎接旅客上车。"
列车员："G×××次车长，x-x车厢乘务员收到。"

2. 列车开车前乘降情况通报

列车员："G×××次车长，x至x车旅客乘降完毕。"
列车长："收到。"

3. 终到站后检查车内遗失物品

列车长："G×××次乘务员旅客乘降完后，仔细检查有无旅客遗失物品，逐一汇报。"
列车员："G×××次列车长，x-x车旅客乘降完毕，经检查无旅客遗失物品。"

（三）VIP服务员通话用语

VIP乘务员："G×××次餐服长，1号车厢5名VIP旅客××点××分需用餐，请提前准备。"
餐服长："G×××次餐服长收到。"

（四）站车交接

1. 车站通知停检情况

车站值班员："G×××次列车长，G×××次列车已停检。"
列车长："G×××次列车停检，车长明白。"

2. 有突发状况不能在指定位置交接，列车进站前

列车长："x站值班员有吗？"
站台值班员："有，请讲。"
列车长："G×××次3号车一位旅客行动不便，持挂失补车票，请您到3车运行方向前侧车门办理交接。"
站台值班员："x站台值班员明白，3车运行方向前侧车门办理交接。"

3. 动车组途中上水、吸污作业用语

动车组途中上水、吸污时，车站客运人员要确认上水、吸污等作业完毕后，将对讲机转至行车频道通知动车组列车长，动车组列车长须得到车站客运人员的确认后，方可按要求报告司机（或机械师）关闭车门。站车联控用语规定如下：

上水/吸污人员："××站台值班员，G×××列车上水/吸污作业完毕。"
车站客运人员："G×××列车上水/吸污作业完毕，××站台值班员明白。"
车站客运人员："G×××次列车长，××站上水/吸污作业完毕。"
列车长："G×××次上水/吸污作业完毕，列车长明白。"

任务训练

实训项目	复兴号动车组列车客运服务沟通内容训练
实训目标	1. 使学生结合实际,加深对复兴号动车组列车客运服务沟通的认识与理解。 2. 培养学生复兴号动车组列车客运服务沟通学习的兴趣。
实训内容及组织	由教师组织,学生自愿组成小组,每组 6~8 人,选择以下题目进行复兴号动车组列车客运服务沟通训练。 1. 复兴号动车组商务座服务沟通。 2. 复兴号动车组一等座服务沟通。 3. 复兴号动车组途中服务沟通。 4. 复兴号动车组重点旅客服务沟通。
实训考核	1. 每组提交一份实训报告。 2. 各组进行汇报。 3. 教师根据各组的实训报告与课堂汇报进行评估。

任务三 复兴号动车组列车应急服务沟通技巧

 **思政素质目标**

尊重劳动、热爱劳动;诚实守信、爱岗敬业,具有精益求精的工匠精神;顾全大局,团结互助。

 职业目标

能进行复兴号动车组列车客运应急服务沟通工作。

 知识目标

掌握复兴号动车组客运应急服务沟通内容和要求。

 相关知识

安全是铁路客运相对其他交通方式的重要优势之一,尤其是高速铁路开通运营以来,安全事故率一直维持在较低的水平。有效地管控乘务组织过程中的安全风险,不断提升突发情况下的应急处置能力,是乘务组织各项工作顺利开展的基本保障。高速铁路客运乘务人员作为直接与旅客产生接触的工作人员,往往必须参与到应急处置过程中,处置的效果直接关系后果的严重程度。

一、高速铁路列车应急设备设施

在应急处置过程中,应急设备设施的作用发挥至关重要,应急设备设施是否完好、引导标志是否明晰规范,这些都将直接影响应急处置的质量。日常需要加强对设备设施的检查和维护，突发情况时才能保证作用的发挥。对高铁动车组列车来讲，客运应急备品一般包括安全渡板、应急梯、车门防护网、应急灯（手电筒）、扩音器、紧急破窗锤等。

（一）复兴号动车组客运应急备品

1. CR400BF 型应急备品存放位置及数量

CR400BF 型应急备品存放位置及数量见表 5-3-1。

表 5-3-1　CR400BF 型应急备品存放位置及数量

品　名 车　种	1	2	3	4	5	6	7	8	合计
	ZYS	ZE	ZE	ZE	ZEC	ZE	ZE	ZES	
定员/人	33	90	90	75	63	90	90	45	576
应急梯/个	1							1	2
渡板/个				1	1				2
防护网/个					13				13
应急喇叭/个					1				1

2. CR400BF-A 型应急备品存放位置及数量

CR400BF-A 型应急备品存放位置及数量见表 5-3-2。

表 5-3-2　CR400BF-A 型应急备品存放位置及数量

品　名 车　种	1	2	3	4	5	6	7	8	9	10	11	12	13	14	15	16	合计
	SW	ZY	ZE	ZE	ZE	ZE	ZE	ZE	ZEC	ZE	ZE	ZE	ZE	ZE	ZY	ZYS	
定员/人	17	60	90	90	90	90	90	75	48	90	90	90	90	90	60	33	1193
应急梯/个									4								4
渡板/个				1				2					1				4
防护网/个									29								29
应急喇叭/个									1								1

3. CR400AF-B 型应急备品存放位置及数量

CR400AF-B 型应急备品存放位置及数量见表 5-3-3。

表 5-3-3　CR400AF-B 型应急备品存放位置及数量

品　名 车　种	1	2	3	4	5	6	7	8	9	10	11	12	13	14	15	16	17	合计
	SW	ZY	ZE	ZE	ZE	ZE	ZE	ZE	ZEC	ZE	ZE	ZE	ZE	ZE	ZE	ZY	ZYS	
定员/个	17	60	90	90	90	90	90	75	48	90	90	90	90	90	90	60	33	1283
应急梯/个	2																2	4
渡板/个				1				1	1				1					4
防护网/个				4				12	11				4					31
应急喇叭/个									1									1

（二）反恐备品放置、交接规定

按车底配置的反恐装备应定位存放，存放位置原则上要便于取用，环境保持干燥。

动车组列车反恐装备原则上隐蔽定位于备品柜或储物间。

高铁乘务单位担当列车配备的乘务班组反恐装备由指导客运段提供，高铁乘务单位负责使用、管理，发生担当变化时与交接单位办理交接。

1. 车底反恐装备

车底反恐装备包括伸缩式腰叉一根、臂盾一个，由客运乘务班组按规定位置存放。列车设置"反恐备品检查登记表"，乘务班组出退乘前进行检查签字，按月报车队留存。

2. 乘务班组反恐装备

乘务班组反恐装备包括防割手套、伸缩棍、约束带各一件（简称"小三件"）。由客运乘务班组出乘携带，接车后由列车长与乘警（辅警）办理交接并记录（可在反恐备品检查登记表上记录），交由乘警（辅警）配备，乘警（辅警）值乘中须随身携带。列车终到后，由乘警（辅警）将"小三件"交回列车长，双方办理交接并记录。对乘警（辅警）已经配备反恐装备的，可不重复携带，由列车长按规定位置存放，留作备用。

反恐装备如图 5-3-1 所示。

图 5-3-1　动车组反恐装备

二、动车组列车防火防爆应急服务

动车组列车由于环境相对封闭，一旦发生火灾，极易引起旅客的恐慌，不利于现场工作人员的处置。因此，第一时间发现并准确判定火情，及时启动应急预案，科学快速地进行处置至关重要。

（一）动车组列车防火防爆安全要点及防控措施

动车组列车防火防爆安全要点及防控措施见表5-3-4。

表5-3-4 动车组列车防火防爆安全要点及防控措施

序号	安全要点	防控措施
1	灭火器	1. 清楚灭火器数量及位置、会使用。 2. 掌握干粉及水雾灭火器的使用范围。 3. 检查灭火器使用状态（压力表是否进黄区；铅封是否完好；喷嘴是否断裂松动；餐车配置4千克灭火器软管是否变形；反光圈是否断裂；灭火器有效期；瓶外身是否有腐蚀）
2	安全锤	1. 知位置、知数量、会使用方法。 2. 铅封完好
3	紧急逃生窗	知位置、知数量、知逃生方法
4	备品柜垃圾桶	备品柜、垃圾桶门锁良好，柜（桶）内无可疑物品，无杂物
5	电茶炉	1. 接车后对电茶炉使用状态进行检查。 2. 缺水灯亮起后检查炉内是否有水，并通知列车长让机械师到现场进行处理； 3. 故障无法修复时，列车长要求机械师及时断电，并填写"上部服务设备故障单"，乘务员向旅客做好解释，加强服务
6	充电安全	1. 旅客使用列车电源给手机、充电宝充电，或者使用充电宝给手机充电时，乘务员要进行提示，提示用语："请您注意充电安全。" 2. 旅客严禁使用私接插线板，途中巡视中盯控，发现及时劝阻。 3. 旅客严禁使用大功率电器，要加强巡视盯控，及时制止。 4. 列车班组使用移动充电设备充电时必须有专人值守，使用有3C安全标志和插孔有独立开关的接线板
7	防控烟雾报警	1. 加大车内安全广播力度，中途站开车后至少播放一遍。 2. 重点宣传违反禁烟规定在卫生间内吸烟的处置。 3. 对中途经常下车吸烟的旅客要重点提示。中途站，开车后对车门口周边检查，是否有旅客未熄灭的烟头，检查走廊和卫生间垃圾桶是否有旅客扔掷的烟头
8	可疑物品	按照巡视频次对车厢内、卫生间、洗面间、垃圾桶巡检一次，确保消防通道畅通，无堵塞
9	可疑人员	途中巡视对精神、行为异常旅客重点关注，发现异常及时向列车长汇报，列车长及时通知乘警并迅速到场按应急处置方案妥善处置

（二）火灾爆炸应急处置

（1）巡视过程中发现火情立即通知列车长、机械师和乘警到达现场，并开启视频记录仪。

（2）到场后迅速判断火情，如火情无法控制立即使用紧急制动手柄并使用紧急对讲装置或直接使用电台通知司机停车。

（3）听从列车长指挥传递灭火器进行扑救。采取有效的灭火方案和扑救措施展开扑救，控制火势，扑灭火源。

（4）如火势无法控制，在确保人员撤离完毕的情况下关闭防火隔断门。

（5）听从列车长指挥，按照责任分工将旅客向相邻车厢或地面安全地带有序地疏散转移。

（6）转移完毕后向列车长汇报旅客人数、伤亡情况、重点旅客情况及特殊情况。

（7）对受伤旅客及时进行救助。

（8）如火情得到控制，未组织疏散，协助乘（辅）警保护现场，采取多种形式做好解释工作、稳定旅客情绪，维持秩序，防止混乱。积极协助公安机关调查事故情况，提供线索，协助调查。

（9）协助列车长做好如下工作：① 清点火灾车厢旅客人数，恢复原始座号，登记车票号和身份证号；② 询问目击旅客火灾原因，协助乘（辅）警进行调查，找出火灾肇事者或说明情况；③ 统计伤亡人数；④ 调查旅客损失的物品，登记造册；⑤ 尽力做好旅客的餐饮供应。

（三）列车发现危险品应急处置

（1）在巡视中发现危险品时，立即通知列车长和乘（辅）警赶至现场，全程开启视频记录仪进行录制。

（2）将危险品交由乘（辅）警按章处理，对鞭炮、发令纸、摔炮等易爆物品应立即浸湿处理。

（3）协助乘（辅）警登记旅客身份信息及乘车信息。

（四）列车发生烟雾报警应急处置

（1）巡视中发现或接到列车长通报的烟雾报警后，立即赶赴现场，开启视频记录仪。

（2）检查报警车厢卫生间、风挡、洗面间及垃圾桶有无烟雾气味及烟头。

（3）如厕所内有烟雾气味和烟头，应保持厕所门开启，空气流通，确认烟头熄灭状态。

（4）协助列车长登记旅客信息，协助乘（辅）警做好取证工作，留存相关影像资料。

（五）动车组列车防火防爆应急服务沟通用语

（1）您好！请不要在卫生间内使用喷雾香水或防晒喷雾，否则可能会造成烟感报警。

（2）您好！动车组列车全列禁烟，为了您和他人的安全，请不要在列车上任何区域内吸烟，感谢您的配合！

（3）您好！动车组列车禁止吸烟，吸烟会导致列车减速、停车，请您不要在动车组列车上吸烟，谢谢您的配合。

（4）您好！××站停车×分，时间很短，请您抓紧时间熄灭香烟，尽快上车。

（5）为保证大家的安全，请在原位就座，不要使用明火照明，请照顾好身边的老人和儿童，看管好您的随身物品

（6）旅客们，请不要惊慌，不要拥挤，请在列车工作人员引导下有序撤离。请大家协助老人、儿童和行动不便的旅客。（火情疏散时增加：请用湿毛巾或衣物捂住口鼻，低头行走。）

（7）请您取出灭火器，拔出保险销，将喷嘴对准火源根部，按下压把灭火。

三、动车组车门安全应急服务

(一)动车组车门安全要点及防控措施

动车组列车车门安全要点及防控措施见表 5-3-5。

表 5-3-5 动车组列车车门安全要点及防控措施

序号	安全要点	防控措施
1	车门联控	1. 列车到站停稳后,司机集控开启车门。 2. 开车前,听从列车长口令,对所值乘车厢区域旅客乘降情况进行汇报
2	安全提示	1. 通过广播和人工宣传提示车门旁站立旅客不要倚靠车门和触碰车门解锁装置。 2. 动车组车门关闭前,利用广播提示旅客"车门即将关闭,请注意安全"。有站台门的车站汇报前要确认站台门与站台边缘无人后,向列车长汇报旅客乘降情况。 3. 遇车门故障隔离时,在故障车门处加装防护网,到站前引导旅客提前向邻近车门等候。 4. 遇空调故障时,需挂网通风,列车利用广播和乘务员口头宣传,提示旅客不要靠近车门,指定人员做好防护并做好自身安全
3	巡视检查	1. 每站开车后,重点检查车门设备状态,确认列车运行中,车门锁闭状态良好。 2. 发现车门未锁闭或锁闭状态不良时,防护看守,并及时通知随车机械师处理。 3. 对故障车门做好防护及宣传,引导旅客从邻近车门下车
4	车门紧急开关	1. 熟练掌握车门紧急开关的方法。 2. 利用广播及口头宣传,提示旅客远离车门紧急开关。 3. 巡视中检查车门紧急解锁开关状态,防护罩是否完好

(二)动车组车门应急处置

1. 车门故障应急处置

(1)发现车门故障时立即通知列车长、机械师赶至现场,开启视频记录仪。

(2)到站车门未开,引导旅客从邻近车门下车。

(3)如车门故障修复后,加强现场盯控。如车门故障无法修复时,机械师进行隔离处理。加装防护网并做好防护,加强车内宣传,引导旅客从邻近车厢下车。

2. 车门夹人应急处置

(1)列车停站或初起动,发现车门夹人、夹物等危及旅客人身安全或行车安全,需紧急停车时,使用电台呼叫司机停车,及时使用电台告知列车长,并说明情况,开启视频记录仪。

(2)待机械师赶至现场,协助机械师处置被夹旅客或物品,检查、处理旅客受伤情况。

(3)协助列车长与当事人进行沟通,书写事情经过,留取旅客相关信息,收集不少于 2 份旅客旁证材料。

3. 旅客误碰紧急开关门装置应急处置

（1）巡视中发现或接到列车长通知车门装置报警，立即赶至现场，并开启视频记录仪。

（2）协助列车长与当事人进行沟通，书写事情经过，留取旅客相关信息，收集不少于2份旅客旁证材料。

（三）动车组列车车门安全服务沟通用语

（1）先生（女士、小朋友），请不要触碰车上的安全设备，发生意外是要追究相关责任的，谢谢。

（2）女士/先生，请照顾好您的孩子，不要让孩子在车厢内单独跑动，攀爬座椅、手扶门缝、触碰电茶炉等，以免发生意外，感谢您的配合。

（3）抱歉，车门发生故障，请大家到邻近车门下车。

（4）各位旅客，请不要下车，车门没有停靠站台，请退后等待列车再次启动。

四、动车组列车乘降安全应急服务

（一）动车组列车乘降安全项点及防控措施

动车组列车乘降安全要点及防控措施见表5-3-6。

表5-3-6　动车组列车乘降安全要点及防控措施

序号	安全要点	防控措施
1	误乘越站漏乘	1. 列车始发前5分钟利用广播对旅客进行提示，提醒送亲友的旅客下车，提醒旅客检查乘坐列车信息，防止旅客误乘。 2. 发生动车组同台作业情况，列车关门前要广播乘车提示，防止旅客误乘。 3. 途中列车开车后、到站前，广播通告前方停靠站站名，一站两报，防止旅客越站。商务座乘务员根据旅客下车信息逐一对旅客提示。乘务员站停期间提示车门附近旅客不要远离车门及时上车
2	站车联控	途中站停期间，认真观察值乘车厢站台区域旅客乘降情况，接到车长指令后，汇报值乘车厢旅客乘降情况
3	防控超员报警	1. 遇复兴号车底大客流情况，提前掌握客流规律，掌握车底易报警车厢，提前联系前方站，避免集中乘降。 2. 春运、暑运、黄金周、小长假、临时启动复兴号热备车底等情况，及时做好车内超员疏散，妥善安排行李物品

（二）动车组列车乘降安全应急处置

1. 列车晚点应急处置

（1）遇列车晚点时，听从列车长的统一指挥，坚守岗位，加强车内巡视，统一口径，做好旅客解释及安抚工作，到站前车厢内做好宣传员。全程开启视频记录仪录制。

（2）到站前组织下车旅客提前到车门口进行等候，帮扶重点旅客拿取行李物品。站停期间告知旅客不要到站台散步或吸烟。

（3）遇有因晚点发生旅客情绪激动、行为过激或因晚点不肯下车时等情况时，及时通知列车长和乘（辅）警到场处理。

（4）遇列车晚点 1 小时以上且逢用餐时间，待供餐上车后及时做好发放工作。（11:30—13:00、17:30—19:00）。

（5）因列车晚点造成旅客需办理改签、退票的相关业务时，要及时向列车长进行汇报，统计旅客人数，做好解释及引导工作。

2. 临时更换车底应急处置

（1）列车临时倒换车底。

听从列车长的统一指挥，统一宣传解释口径；利用广播向旅客进行致歉和宣传，及时做好动员，组织旅客在车门口等候下车。提前掌握倒换信息，及时做好引导。

（2）车站换乘。

遇途中车辆故障，车停留在中间站，启动热备车救援时。

坚守岗位，加强车内巡视，及时向旅客做好解释及致歉工作，遇有特殊情况，及时报告列车长；利用列车广播向旅客做好致歉及通告换乘方案，协助重点旅客做好下车准备；听从列车长统一指挥，司机开启车门后，引导旅客下车换乘至同台救援列车；检查车厢遗留物品和人员，确认后通知列车长旅客换乘完毕。

（3）区间换乘。

车辆故障停留在区间，且无法修复时。

坚守岗位，加强车内巡视，及时向旅客做好解释及致歉工作，遇有特殊情况，及时报告列车长；接到区间换乘指令后，利用广播致歉并做好旅客解释工作，同时告知旅客做好换乘准备及安全注意事项；根据列车停靠位置，按照列车长的指令，在指定车门架设应急乘降梯或渡板。测试稳定性，做好安全防护，有序引导旅客换乘；检查车厢遗留物品和人员，确认后通知列车长旅客换乘完毕。

3. 应急疏散应急处置

（1）区间高架、桥梁疏散。

高速铁路与普速铁路相比，线路中隧道和桥梁比例相对较高，一旦在隧道、桥梁等处所发生突发情况，由于其特殊的环境，应急处置的难度很大。

（2）隧道疏散。

高速铁路隧道内突发事件危害极大。一般情况下，动车组在隧道内发生突发事件时，可继续运行约 20 千米，完全可使列车驶离隧道，在隧道外实施处置及救援。特殊情况下列车困在隧道时，由于隧道内有固定照明和应急照明，旅客走出车厢也不会摸黑。当动车组列车在隧道中发生非正常情况、不得不在隧道内停车时，需运用好防灾救援设施，尽快把旅客从动车组列车疏散到安全地带。

高速铁路隧道紧急救援站、站台、横通道布局如图 5-3-2 所示。

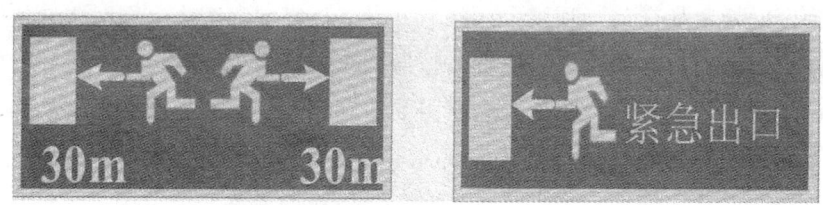

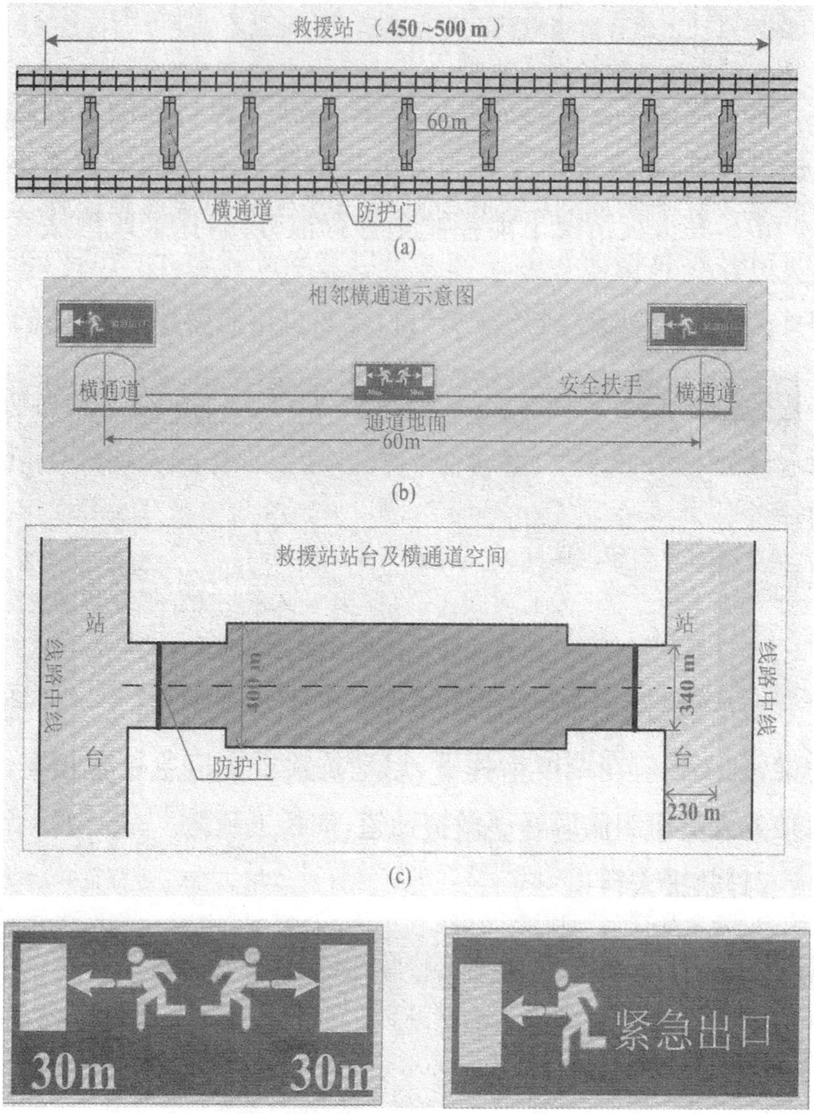

图 5-3-2 高速铁路隧道紧急救援站、站台、横通道布局

组织区间高架、桥梁和隧道疏散时应坚守岗位，加强车内巡视，及时向旅客做好解释及致歉工作，遇有特殊情况，及时报告列车长；听从列车长的指挥，组织旅客疏散时，在应急梯两侧防护有序组织乘降；疏散转移过程中，随时与列车长保持联系，加强安全宣传提示，对重点旅客做好帮扶；转移完毕后，统计人数，帮扶重点，将现场情况报告列车长；做好旅客致歉工作，稳定旅客情绪，帮扶重点，等待救援。

4. 超员报警应急处置

（1）接到列车长超员报警通知后，立即赶至超员车厢，组织无座旅客分散站立，及时消除报警。

（2）报警消除后，要通过站车无线交互系统查询后续沿途车站上下车人数，掌握客流情况，及时向列车长进行汇报。

（3）广播宣传提示旅客因列车超员危及行车安全，将耽误所有旅客行程，请按照票面到站下车，列车不再办理延长到站手续。

5. 站台坠人坠物应急处置

（1）发现有人或物坠入站台，立即开启视频记录仪赶赴现场，并呼叫车站值班员赶往现场。

（2）配合车站值班员对旅客进行施救或使用专用工具取出行李物品。

（3）如跌落旅客受伤不能继续旅行，协助列车长与车站办理交接。

（4）如旅客受伤较轻，需继续旅行时，在途中要多加关注旅客动态，做好服务，发现异常及时通知列车长。

（三）动车组列车乘降安全服务沟通用语

（1）很抱歉，由于天气或××原因，我们的列车晚点了，我们会及时为您提供最新消息。

（2）列车由于设备故障晚点运行（开车），预计晚点××分，工作人员正在积极抢修，请耐心等候，由此给您带来的不便，我们深感歉意，敬请谅解，谢谢。

（3）请问您需要在哪里中转下车？……好的，我们会积极为你联系换乘列车，请放心。

（4）旅客们，由于列车晚点延误了您的旅行，我们深表歉意！现在列车为大家准备了应急食品，我们将按顺序送餐，老人、儿童优先，请您稍候。

（5）为了大家的安全，请听从我的指挥，从这边走，到×号车厢下车。

（6）请使用紧急破窗锤击打车窗上方红心部位，破窗逃生。

（7）旅客们，本次列车因故障无法运行，需要换乘其他列车，请整理好随身携带的物品，按先后顺序下车后换乘（或从××号车厢车门换乘）。

（8）请换乘旅客按照车票上的座席号对号入座。如果您车票上的座席号与原有车厢发生变化时，请通知列车工作人员处理。

（9）旅客们，通过渡板换乘时，要注意脚下安全，因渡板承重有限，一次只限一人通过，谢谢配合。

（10）旅客们，本次列车将实施救援连挂，可能会产生车体震动，为了您的安全，请回到原座位，收起小桌板。检查随身物品是否放置平稳、牢固，感谢您的配合。

五、旅客人身安全应急服务

（一）动车组列车旅客人身安全项点及防控措施

动车组列车旅客人身安全要点及防控措施见表5-3-7。

表 5-3-7 动车组列车旅客人身安全要点及防控措施

序号	安全项点	防控措施
1	安全宣传	1. 列车始发开车前、途中每站开车后播放旅客乘车安全常识。各类安全标识设置齐全、规范。 2. 服务指南包含旅客乘车安全宣传内容，商务、一等座定员摆放，二等座每排 2 本
2	旅客摔伤	1. 及时清理地面水渍，防止旅客滑倒摔伤。 2. 到站前广播通报到站信息，同时提示旅客下车时注意站台与列车之间的缝隙。 3. 密切关注重点旅客，主动帮扶，提示到位。到站后乘务员车门立岗期间，关注旅客乘降情况，提示旅客注意乘降安全
3	旅客砸伤	旅客行李放置平稳，发现行李放置在格挡上的现象及时纠正，发现铁器、锐器、玻璃器皿等物品时要提示旅客取下改为地面放置，发现侧兜存放水杯的背包时提示旅客取出
4	旅客撞伤	1. 大件行李、地面放置行李摆放稳妥，对有万向轮的行李箱采取防溜措施，防止列车运行期间行李箱窜动伤人。 2. 列车使用的配餐车垃圾车制动性能良好，防撞条完整。 3. 途中进入车厢作业主动避让旅客，停车必须将制动装置踩下，防止车辆窜动撞伤旅客
5	旅客烫伤	1. 始发前重点检查茶炉防烫伤标志是否完整齐全。 2. 始发前、每站开车后播放包含防烫伤安全广播。 3. 巡视作业期间重点提示旅客接水不要过满，水杯入槽，拧紧杯盖，帮助重点旅客接打开水，防止旅客烫伤。 4. 提示旅客在调节座椅时注意前后排距离，放置快速调节或调节过大造成后排旅客烫伤
6	旅客挤伤	1. 始发重点检查卫生间、车厢端门的防撞胶条、防挤手安全标志是否完整。 2. 始发、终到前，将车厢两端自动门改为手动开放状态，防止旅客集中上下期间自动门开关夹伤旅客。 3. 提示带小孩旅客在儿童使用卫生间时注意卫生间门、马桶盖的使用安全，防止意外发生。 4. 工作人员在进出卫生间时不要反手关门

（二）动车组列车旅客人身安全应急处置

1. 旅客突发疾病或发生意外伤害应急处置

（1）在车内巡视发现旅客突发疾病或发生意外伤害后，立即通知列车长和乘（辅）警赶到现场，开启音视频记录仪。

（2）根据现场实际情况，协助列车长进行处置。如旅客病情严重，可通过列车广播寻找医务工作者，利用列车现有医疗设备进行救治。记录医务工作者的相关信息。

（3）协助列车长记录旅客所持车票和票种、票号、车次、发到站、车票有效期及加剪情况，了解旅客姓名、单位、地址、同行人、联系人等，并了解旅客发病或受伤原因和过程，收集不少于两份同行人或见证人的证言等有关旁证、物证，并妥善保管好证据、材料。

（4）旅客伤病严重需下车抢救时，协助旅客收拾好行李物品，做好相关移交准备。

（5）协助列车长向车站办理移交手续。

2. 发生甲类传染病应急处置

（1）在巡视中发现突发甲类传染病时，立即向列车长进行汇报。

（2）听从列车长指挥，组织设置隔离区域，将病人或疑似病人隔离。协助列车长对病人所在车厢及可能污染的旅客进行登记，内容包括：姓名、性别、年龄、身份证号码、联系方式等。

（3）协助列车长与车站办理交接。

（三）动车组列车旅客人身安全服务沟通用语

（1）女士/先生，请您将孩子带到车厢连接处抚慰，感谢您的配合，祝您旅途愉快！

（2）女士/先生，您好！这里邻近司机室，为了不影响司机驾驶，让我们保持安静好吗？

（3）您好，我们很理解您的心情，请不要着急，我们会安排您在前方站下车。请您带好行李。到站后，车站客运工作人员会给您安排后续行程，请出示您的车票和证件，方便我们开具交接凭证。

六、食品安全应急服务

（一）动车组列车食品安全项点及防控措施

动车组列车食品安全要点及防控措施见表 5-3-8。

表 5-3-8　动车组列车食品安全要点及防控措施

序号	安全要点	防控措施
1	VIP食品饮品	1. 配餐车要做到离人加锁，乱码使用。 2. 商务、一等食品饮品发放完毕及时锁闭，严禁食品饮品外露。 3. 食品、饮品清领时检查生产日期及有效期，包装是否有破损
2	网络订餐	1. 配餐严禁落地。 2. 站车交接、送餐时全程开启视频记录仪

（二）旅客食物中毒应急处置

（1）巡视中发现旅客有食物中毒现象时，立即通知列车长和乘（辅）警，并开启视频记录仪。

（2）协助列车长了解疑似中毒旅客病症，掌握异常旅客人数、发病时间等情况，判断导致旅客症状的食物。

（3）听从列车长的统一指挥，如旅客病情严重时，可通过列车广播寻医，组织初步诊断救护。稳定旅客情绪，封存保留呕吐物、排泄物样品，待卫生防疫部门上车检验、处理。协助列车长、乘（辅）警调查中毒原因，收集证据材料，了解旅客发病症状，做好记录，形成第一手材料。

（4）提前协助旅客整理行李物品，做好下车准备，协助列车长与车站办理交接。

（三）动车组列车网络订餐异常服务沟通用语

（1）您好，经查询，订单不符问题为商家责任，请您直接跟商家取得联系。
（2）请稍等，我们马上查明原因，然后为您处理。
（3）您好，我们将拍照上传；稍后系统会自动退款到您的账户。
（4）女士/先生，您好！经查询，您没有收到订餐或特产的原因是商家未配货，请您直接与商家联系。

七、空调失效应急服务

（一）接触网停电或动车组故障（无法运行）导致动车组空调失效应急处置

（1）在接到列车长接触网停电通报后，要坚守岗位，加强车内巡视，做好安全宣传提示，未得到列车长命令，不得擅自打开车门。
（2）深入车厢对旅客开展解释、安抚工作。统一口径，做好致歉，对车内重点旅客开展重点帮扶，共同维护好车内秩序。
（3）接到列车长准许"安装防护网、打开车门"的通知后，按照责任分工到指定位置领取防护网并安装，按照"一人一门"值守的要求做好防护值守，列车长确认防护网安装牢固、值守人员到位后，按照列车长指令打开车门。
（4）坚守岗位，在所有开门处全程监护，严禁旅客靠近防护网或自行下车，并进行广播提示。
（5）接到列车长接触网供电恢复正常的通知后，听从列车长的指挥，手动关闭车门，撤除防护网，确认关闭车门完毕后报告列车长。

（二）动车组故障（可以运行）导致全列空调失效应急处置

（1）及时对旅客开展解释、安抚工作。对车内重点旅客开展重点帮扶，根据车内实际情况，为旅客做好送水等服务，夏季引导旅客放下遮光帘，采取有效措施进行降温。
（2）协助列车长做好旅客信息登记，办理到站退还空调票手续。
（3）根据列车长指令做好更换车底宣传解释工作，引导旅客换乘。
（4）发现异常及时向列车长、乘（辅）警进行汇报，共同维护好车内秩序。

（三）部分车厢空调失效应急处置

（1）列车乘务人员应及时对旅客开展解释、安抚工作。对车内重点旅客开展重点帮扶，根据车内实际情况，为旅客做好送水等服务，夏季引导旅客放下遮光帘，采取有效措施进行降温。

（2）实时关注车厢温度，对车内重点旅客开展重点帮扶。对不适旅客采取转移到其他车厢的方式处置。

（3）协助列车长做好旅客信息登记，办理到站退还空调票手续。

（四）动车组列车空调失效应急服务沟通用语

（1）请不要靠近车门及防护网，以免发生意外，感谢您的配合。

（2）请稍等，我马上通知机械师处理，把温度调节一下。

任务训练

实训项目	复兴号动车组客运应急服务沟通训练
实训目标	1. 使学生结合实际，加深对动车组客运应急服务沟通的认识与理解。 2. 培养学生动车组客运应急服务沟通学习的兴趣。
实训内容及组织	由教师组织，学生自愿组成小组，每组 6~8 人，选择以下题目进行动车组客运应急服务沟通内容训练。 1. 动车组车门安全应急服务沟通。 2. 动车组乘降安全应急服务沟通。 3. 动车组旅客人身安全应急服务沟通。
实训考核	1. 每组提交一份实训报告。 2. 各组进行汇报。 3. 教师根据各组的实训报告与课堂汇报进行评估。

复习思考题

1. 叙述高速铁路客运乘务服务管理架构。
2. 叙述客运段管理内容。
3. 叙述高速铁路客运乘务车队管理内容。
4. 叙述高速铁路客运乘务班组管理内容。
5. 简述复兴号动车组商务座服务沟通内容。
6. 简述复兴号动车组一等座服务沟通内容。
7. 简述复兴号动车组重点旅客服务沟通内容。
8. 简述途中作业服务沟通内容。
9. 叙述动车组车门安全应急服务沟通内容。
10. 简述动车组乘降安全应急服务沟通内容。

项目六 高速铁路客户服务中心沟通技巧

 **项目描述**

客户服务中心源自呼叫中心。呼叫中心也称为客户关怀中心，是基于 CTI（Computer Telephony Integration）技术、充分利用通信网和计算机网络的多项功能集成，并与企业、政府机关连为一体的一个完整的综合信息服务系统，利用多种现代化通信手段，将电话、传真、短信、互联网、电子邮件等多种媒体渠道进行整合，为客户提供统一的高质量、高效率、全方位的服务。本项目主要介绍高速铁路客运人员电话沟通与网络沟通技巧及高速铁路客户服务沟通案例。通过本项目的学习，使学生掌握高速铁路客户中心服务员沟通服务的基本技能。

任务一 电话沟通与网络沟通技巧

 思政素质目标

尊重劳动、热爱劳动；诚实守信、爱岗敬业，具有精益求精的工匠精神。

 职业目标

能熟练运用电话沟通与网络沟通为旅客服务。

 知识目标

掌握高速铁路客户服务中心电话沟通与网络沟通内容。

 相关知识

铁路运输能力的提升为满足运输需求提供了保证，也对旅客运输营销水平、服务质量提出了更高的要求。中国铁路客户服务中心通过电话、邮件、短信、微信、手机客户端等多种渠道，采取集中管理和集约化经营模式，向客户提供 7×24 小时高质量、高标准、体验良好、方便使用的综合服务系统。

一、铁路客服中心的业务职能

目前，铁路客服中心通过电话语音查询、人工在线服务、12306 网站以及铁路 12306 微信公众号为客户提供解答咨询、受理投诉、受理表扬、反馈建议、应急救助等五个方面的服务。

1. 解答咨询

准确解答客户提出的关于客运业务的各类问题，并根据咨询问题类型，定期汇总、分析客户最关注的问题，及时通报给相关领导和部门，提出改进工作建议，为生产一线提供基础信息。

2. 受理投诉

及时受理各类客户投诉问题，对问题进行调查、追踪、处理、回访，并根据投诉问题类型，定期汇总、分析各工作环节的服务漏洞和薄弱项点。对暴露出的突出、重点问题，及时通报，警示全员，发挥承上启下的作用。

3. 受理表扬

对客户的表扬信息进行登记、转发，成为客户表达心意的桥梁。

4. 反馈建议

对客户提出的各类意见和建议，进行汇总分类、定期回访。通过与客户互动，表明铁路对社会公众的态度，热情接受社会各界监督。

5. 应急救助

发挥信息平台和网络资源优势，对遇到突发疾病、遗失物品等现实困难的客户提供应急救助，成为客户出行的依赖和伴侣。

铁路客服中心采用交互式语音应答系统提供自助语音服务，并按照客户需要设计了语音层级导航。客运语音导航如图 6-1-1 所示。

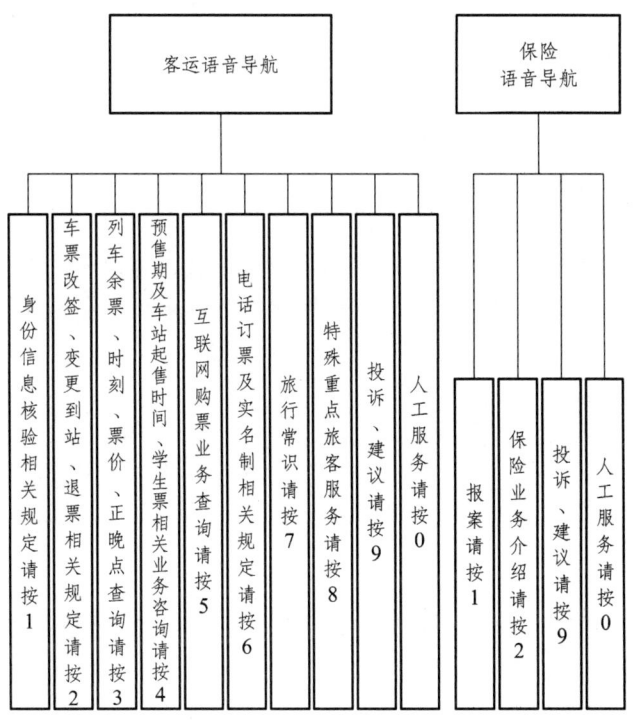

图 6-1-1　客运语音导航

二、铁路客户服务员职业能力

在铁路客服中心工作的服务人员工种名称为"铁路客户服务员"。铁路客户服务员(简称"铁路客服人员")是指从事铁路客货相关业务咨询、信息查询、受理需求、投诉、建议等信息服务及处理的人员。

铁路客服人员应具备较强的倾听、表达、沟通能力;具备较好的理解归纳、分析判断和解决问题能力;具备良好的信息处理和协调合作能力;心理素质好,抗压能力强;计算机操作熟练;口齿清晰,普通话标准,听力辨色力正常,双眼矫正视力不低于5.0。

三、电话沟通技巧

铁路客户服务电话沟通技巧包括通话中的倾听技巧、规范电话服务礼仪、规范电话沟通服务用语等内容。

(一)通话中的倾听技巧

倾听是铁路客服人员工作的主要内容之一,因此,倾听技巧是客服人员必不可少的一项重要技能。

1. 倾听的过程

(1)准确了解客户的需求。

铁路客服人员为客户提供服务的第一步,就是准确了解客户的需求。客户需要什么样的服务和帮助,有什么抱怨需要发泄,还是对服务不满需要投诉……要解决这些问题,只有认真倾听,才能从客户的表述中发现他需要的信息。

(2)与客户建立信任感。

倾听是一种情感活动,它不仅要用"耳"去听,更要用"心"去听。这样的倾听在满足客户表达欲望的同时,也能让他打开心扉,实现心与心的沟通,从而建立客户对铁路客服人员的信任感。

在倾听的同时给客户一定的赞美,鼓励他继续讲下去,客户对铁路客服人员的信任感会随着沟通的深入而逐渐积累。建立信任感与倾听是互为因果、相辅相成的,信任也有利于铁路客服人员听到更有用的信息。

(3)避免向客户重复发问。

倾听的另一个好处就是可以避免客户重复发问,对于铁路客服人员的发问,客户或多或少都会有反感情绪,容易让其产生被"审问"的感觉。铁路客服人员如果能认真倾听,就会发现很多需要了解的信息都隐藏在客户的讲述之中。

2. 倾听的技巧

倾听是一个富有技巧的过程,要让客户说得更好、更多、更开心,就需要铁路客服人员学会倾听。总的来说,只有站在客户的立场上,用心倾听,才能真正明白客户的需求,提供满意的服务。

（1）站在客户的立场倾听。

在倾听时要抛弃自己的主观成见，换位思考，设身处地为客户着想。铁路客服人员只有站在客户的立场上认真倾听，才能明白客户的苦衷以及他的真正需求，帮助客户排忧解难，从而提高客户的满意度。

（2）正确地回应客户谈话。

沟通须有来有往，在不打断客户说话的原则下，适时表达自己的观点，适当地给客户一些积极的回应，一方面可以让客户感受到尊重，另一方面有利于铁路客服人员的思维能够跟上客户的节奏，避免走神、疲惫。

积极回应客户时，尽量不要一直用"是的""对""啊"等词汇机械回复，而要激励客户在轻松友好的氛围中把他所能想到的内容都表达出来。如果得到的信息还不够多或对客户的表述有所怀疑，当客户要停止叙述的时候，铁路客服人员可保持沉默并表现出思考的样子，可以引导客户继续谈下去，从而透露出更多的信息。

（3）摘要复述客户的话语。

铁路客服人员复述客户的话意时有两种情况。一种情况是在倾听中把客户的原话作为回应直接抛向客户，以表达赞同和理解，提高沟通的融洽度。如客户说："我又不赶时间，我觉得买高铁票不划算。"铁路客服人员宜马上用"是啊，不划算"等话语以示回应。另外一种情况是在倾听客户对事情的描述之后，铁路客服人员进行归纳总结，把客户要表达的意思归纳为几个要点，再征求客户意见："看我的理解是否正确，是否还有需要补充的地方。"这样做的好处是把客户杂乱的表述归纳起来，逻辑清晰、一目了然，避免产生误解。

复述客户的原话，给其肯定的回应，会让客户产生成就感，对沟通非常有利。铁路客服人员应养成在倾听客户的表述后摘要复述的习惯，待得到客户的肯定后，再提出解决方案。复述一定要简洁明了，摘要一定要抓住重点。

（4）倾听客户的话外之音。

所谓话外之音，就是客户想要表达却因为某种原因难以启齿、不愿直接表述的内容，往往会在他们的言语措辞、语气态度间流露。例如，某客户咨询问题，得到铁路客服人员的一个解决方案之后，客户冷冷地说："那好吧，我考虑一下，谢谢，再见。"然后就匆忙挂了电话。

这样的表述说明这名客户对该铁路客服人员很失望，对他的解决方案毫无兴趣，根本就不会去考虑。铁路客服人员只有善于倾听这些声音，在沟通中了解客户的真实想法，才能把服务做得更好。

（5）重要的地方做好记录。

人的记忆力是有限的，客户谈到的一些要点，尤其像一些数字总是很容易被忘记。所以铁路客服人员在倾听时，不要忘记准备一个小本，把一些比较重要的信息记录下来。这样既可以提高自己的工作效率，更准确地去面对客户的需求，又能让客户感觉受到了重视。

3. 倾听时应注意的问题

倾听是非常严肃的，铁路客服人员在倾听过程中不要随意打断客户的谈话；对客户的谈话内容有疑问或是有不同的见解时，应等客户说完后再澄清。

（1）避免假装关注。

所谓"假装关注"是指在沟通过程中，为了表示礼貌，不想听而装作在听，成为"沉睡的倾听者"。表现形式是：听着对方讲话，心却已跑到别的地方，只是机械地应和，甚至不停地说"是的，是的"以及"嗯，嗯"等毫无意义的语气词。

（2）不要打断客户的谈话。

如果铁路客服人员和客户之间的谈话异常无聊，难以理解或客户重复以前讲过的问题，在此情况下，客服人员可能会停止倾听。同样，如果认为客户的某个观点是错误的，可能也会做出选择性倾听。铁路客服人员在做出判断之前，要让客户说完，不要根据自己的判断去纠正客户，要有耐心并且学会搁置分歧，除非客户的谈话跑题太远。一般情况下，不要打断客户的谈话，客户后面的谈话中可能有很重要的信息，打断它就失去了获得这些信息的机会，可能会给客服人员带来损失。只有当客户表达含糊不清，实在没有听下去的意义时，为了节省时间，提高工作效率，才可以打断客户谈话，但一定要向客户表达歉意，如"对不起，打断一下""不好意思，我先问您一个问题好吗"等。

（3）听完之后再解释疑问。

随着客户谈话的进行，铁路客服人员肯定会产生很多疑问，也急于对客户的一些疑问做出解释。这时一定要沉住气，引导客户继续讲下去，直至自己认为已获得足够多的信息之后，再解释疑问。为避免遗忘，铁路客服人员可以把一些疑问先记录下来。关于客户对企业或个人的一些误解，也要等到客户说完后再做解释。

（4）倾听事实背后的"事实"。

铁路客服人员在沟通时，感受、印象和情绪都是包裹在具体的事件之中，如果只听事实，难以寻找到事实背后的东西。很多信息传递的不仅是事实，还有情绪，只听事实是远远不够的。客户购买的不仅仅是有形产品，还有情绪上的满足。

（5）强化倾听效果。

铁路客服人员应通过积极的语言提示强化倾听效果。通过用"嗯""明白"或"我知道您为什么心烦"等语言保持沟通的连续性。这些语言看似简单，却向客户表明：第一，我在听；第二，希望客户说出真实的想法。力求清晰，如果弄不清客户在说什么，在解读客户所言时就有可能过度依赖自己的猜测。

4. 电话沟通服务礼貌规范

电话沟通时，要使用尊称，态度平和；与客户讲话要注意声音的表情性：即语气语调要气缓声柔，而不是气重声粗。具体要做到"五声"（客户来电有礼貌欢迎声，客户问询有及时应答声，工作失误有诚恳道歉声，得到理解、谅解有致谢声，通话结束有礼貌告别声）、"四不讲"（不讲粗话，不讲脏话，不讲讽刺话，不讲与服务无关的话）、"三不计较"（不计较客户不美的语言，不计较客户急躁的态度，不计较客户无理的要求）。服务忌语包括蔑视语、否定语、顶撞语、烦躁语。

一般情况下，铁路客服人员要按照服务标准与客户进行电话沟通，具体内容见表6-1-1。电话沟通规范流程见表6-1-2。

表 6-1-1 铁路客服人员电话沟通服务技能标准

序号	项目	标准内容	
		服务标准	服务禁忌
1	发音	普通话规范、标准,无口音,吐字清晰、准确	忌发音不标准,有口音,吐字不清晰
2	语速	语速应适中,舒缓、平稳,保持在每分钟120个字左右。如遇老年人、听力略有障碍或对方环境嘈杂的客户还可适当减缓语速	忌语速过快、过慢
3	音量	声音音量应适中,且持久、平稳,不因情绪波动或疲惫有所变化	忌音量过大、过小
4	语气语调	语气应和蔼、亲切、真诚、谦恭有礼,语调柔和、悦耳、动听	忌生硬、烦躁、嗲声嗲气、低沉、懒散
5	用语规范	应使用"您好、请、先生、小姐、女士、谢谢、对不起、不客气、好、您稍后、您稍等、再见"等规范用语	忌使用"我不知道;说什么,听不清;我忙着呢"等生硬、不当用语和命令语
6	服务态度	应在第一时间问候客户:"您好,××号为您服务,请问有什么可以帮您?"通话完毕后应晚于客户挂机;在需要客户等待的时候应征求客户同意,并告之等待原因与时限,等待结束后应向客户表示感谢;应在得到客户同意时结束通话,感谢客户来电,并表示对他提出的问题与建议会认真对待	不要无故中断与客户通话,不要与客户发生争执
7	倾听能力	应耐心、全面倾听客户提供的各种信息或建议,能迅速准确理解客户的需求	做到客户讲话时不打断客户,不插话
8	表达能力	回答时应该逻辑清晰、简明扼要	忌有口头禅,表达啰唆、重复
9	沟通技巧	掌握话语主动权,使谈话内容始终围绕在问题的解决与建议上;经常使用"是""好的"等话语表示对客户的关注;通过提问了解更多有用的信息;对客户提供的信息,做适当的总结与重复,给客户以反馈	忌跑题,忌不能及时应答、忌不擅用一般疑问句及时了解有价值的信息、忌不及时总结归纳,给予客户积极反馈
10	业务知识	熟知相关业务知识、客服操作系统知识、业务处理流程和服务标准等;解答客户问题应答流利、准确、完整、顺畅	忌业务不熟、解答失误或不完整、不顺畅
11	首问负责	能执行首问负责制,尽量一次性解决客户问题	不推诿扯皮、搪塞客户
12	协作能力	能与其他座席有效协作,能协调相关部门和单位及时妥善解决客户问题	

表 6-1-2 电话沟通规范流程

通话时段	通话步骤	通话内容	通话要求
通话初始时	1. 问候。 2. 自我介绍。 3. 询问客户个人信息及待办事项	"您好" "这里是……" "请问……"	铃响两到三声时通话,超时致歉;复述客户信息,进行确认并记录

续表

通话时段	通话步骤	通话内容	通话要求
通话过程中	1. 详细记录通话内容。 2. 复述重点内容以便得到确认。 3. 整理记录要点提出拟办意见	1. 牢记"5W1H"通话要点记录技巧：When（何时）、Who（何人）、Where 何地、What（何事）、Why 为什么、How（怎么做）。 2. 确认对方身份、了解对方来电的目的；对客户提出的问题应耐心倾听并给予理解，抱有同理心；接到责难或批评性的电话应委婉解说，并表示歉意或谢意；电话交谈事项，应注意正确性，将事项完整地交代清楚，不可敷衍了事	声音清晰，姿态端正；态度平和，不卑不亢；内容紧凑，围绕主题
通话结束时	再次重复要点，暗示通话结束，感谢对方帮助，互相进行道别	再次复述要点，确认无误规范使用结束用语	注意多用礼貌用语

（二）电话服务规范用语

电话服务用语要规范，这样才能在电话沟通中起到事半功倍的效果。

1. 常用服务用语

"您好"是表示敬意与关切的问候语，一般用于主动服务他人或他人有事求助时，也可根据时间改为"早上好""下午好"。

"请"是请托语，可单独使用，也可搭配其他词语，要求别人配合时说"请稍候"，希望对方谅解时说"请原谅"。

"谢谢"是答谢语，用于获得他人帮助、得到他人支持、赢得他人理解、感到他人善意、受到他人赞美及婉言谢绝他人时的礼貌致谢语。可用加强式语气，如"非常感谢"。

"对不起（抱歉）"是道歉语，工作失误或打扰对方，给人带来不便、困扰，及时真诚地表达歉意。常与其他礼貌用语或其他语句组合使用，如"对不起，打扰您了""抱歉，给您添麻烦了"。

"再见"是告别语，可根据时间地点不同添加或改变词语，如"明天见""慢走""留步""注意安全"。

电话沟通时尽管对方不能看到，但不同姿势、不同情绪、不同语气语调，对方能敏锐感知到，所以通话时要注意姿势端正，不随意晃动，保持情绪平稳，态度平和，情感真诚，不卑不亢；听筒一方离耳部约 1 厘米间隔，话筒一方离嘴部约 3 厘米间隔，否则声音不清晰，影响通话质量。

2. 常用服务用语类别

（1）称谓语。

电话服务对客户的称呼一般为"先生""女士"等。此外，还有以下五种类型。

① 职务类称呼：以客户的职务相称，以示身份有别、敬意有加，如"张站长""李经理"等。

② 职称类称呼：对有职称者，尤其是中高级职称者，以职称相称以示敬意，如"李工程师""张教授"等。

③ 行业类称呼：对于从事特定行业者可直呼职业资格以示区分，如"马医生""刘老师"等。

④ 性别类称呼：对行业、职称、职务诸信息都不明确或不符合条件的人员，根据性别称为"先生""女士"或"客户朋友"等。

⑤ 血缘类称呼：对客户中比较熟悉、多次交往、关系密切者，根据年龄大小，可使用生活血缘关系才用的称呼。切记注意礼貌和对方的接受度，不要使之反感，如"大哥""阿姨""爷爷"等。

（2）请托语。

表示敬意和请求对方合作及办理有关事项用请托语。

遇系统故障时应答："您好，目前系统出现故障，我们正在全力进行维护，请您耐心等待。"

遇到不能准确回答的问题时："对不起，请您稍候，我给您请示一下。"

遇接受客户投诉时："对不起，您反映的问题我们要进行核实，请您留下联系方式，待调查后我们将给您答复，谢谢您的意见。"

请托语还有"请原谅/请稍候/请不要客气""请您听我解释""请问您需要车票的日期、车次、票种、数量和座别""你有什么困难，请告诉我/请讲""对不起，我没听清楚，请您再说一遍""请您稍候，我跟您核对一遍"等。

（3）征询语。

征询语确切地说就是征求意见的询问语。

车票售完时："对不起，车票已售完，您是否可以选择其他车次或改乘其他日期？"

接受客户投诉时："您好，您要反映什么问题？"

（4）拒绝语。

拒绝语如"您好，谢谢您的好意，不过……承蒙您的好意，但恐怕这样会违反××的规定，希望您理解。"

拒绝语使用时一般应该先肯定，后否定，而且应客气委婉，不简单拒绝。

（5）答谢语。

常用答谢语有："谢谢您的理解！""谢谢您的合作！""谢谢您的鼓励！""谢谢您的夸奖！""谢谢您的帮助！""谢谢您的提醒！""谢谢您的夸奖，这是我们应该做的。""谢谢，这是我们的职责。"

使用答谢语时要注意：一是客户表扬、帮忙或者提意见的时候，都要使用答谢语；二是要清楚爽快。

（6）道歉语。

常用道歉语有："对不起，打扰您了！""抱歉，请稍等！""请原谅，这是我的失误。""对不起，请原谅。""对不起，马上更正，请稍候。"

使用道歉语时有下列要求：首先，要把道歉语当作口头禅和必要的一个程序，使用得好，会给客户留下良好的印象，否则会使服务出现问题；其次，运用时，要诚恳主动，这样会使客户感受到尊重。

（7）告别语。

常用告别语为："先生（或其他称谓），再见！"

运用告别语的要求：声音真诚热情，响亮有余韵；配合点头或鞠躬。

3. 铁路客服常用话术

（1）受理投诉。

"您好！给您带来不便，深表歉意！请您留下联系方式，我们会转相关部门核实并妥善处理。感谢您对我们工作的支持！"

（2）建议。

"您好！感谢您对铁路工作的关心和支持，我们会将您的建议及时反馈给相关部门，不断改进铁路工作。欢迎您一如既往地关注我们、帮助我们！"

（3）表扬。

"您好！感谢您对铁路工作的肯定，我们会尽快将您的表扬反馈给相关部门。感谢您对我们工作的支持！"

（4）网购致歉词。

"您好！对不起，目前因 12306 网站用户访问量过多，造成网络拥堵，给您网络购票带来不便，敬请谅解！请您尝试电话订票等其他购票方式，以免耽误您的旅行。感谢您对我们工作的支持！"

（三）超值服务技巧

1. 让自己处于微笑状态

微笑着说话，声音也会传递出很愉悦的感觉，听在客户耳中自然就变得有亲和力，让每一通电话都保持最佳的质感，并帮助铁路客服人员进入对方的时空。

2. 音量与速度要协调

人与人见面时，都会有所谓磁场。在电话之中，当然也有电话磁场，一旦铁路客服人员与客户的磁场吻合，谈起话来就顺畅多了。为了了解对方的电话磁场，在谈话之初，采取适中的音量与速度，等辨出对方的特质后，再调整自己的音量与速度。

3. 判断通话者的形象，增进彼此互动

从对方的语调中，可以简单判断通话者的形象。讲话速度快的人是视觉型的人，讲话速度中等的人是听觉型的人，而讲话速度慢的人是感觉型的人。铁路客服人员可以在判断形象之后，再给对方适当的建议。

4. 善用暂停与保留的技巧

当需要客户给一个时间、地点的时候，就可以使用暂停的技巧。比如，当询问客户："您喜欢上午还是下午？"说完就稍微暂停一下，让客户回答，善用暂停的技巧，还可以让客户有受到尊重的感觉。

至于保留，则是铁路客服人员不方便在电话中说明或者遇到难以回答的问题时所采用的方式。当客户要求铁路客服人员电话中给出处置办法时，就可以告诉客户："这个问题我们需要进一步汇报请示，然后给您及时答复。"如此将问题保留到下一个时空。

5. 要注意挂电话前的礼貌

要结束电话交谈时，一般应当由打电话的一方提出，然后彼此客气地道别，应有明确的结束语，说一声"谢谢""再见"，再轻轻挂上电话，不可只管自己讲完就挂断电话。

6. 适时真诚地赞美客户

初级赞美："听您的声音，我觉得您一定是一个很自信的人。"
中级赞美："从您的讲话中，我觉得您在公司内肯定很有威信。"
高级赞美："您是不是专门从事××职业呀？您太专业了。"

7. 同理心及运用时机

同理心就是站在客户的立场思考的一种方式。恰当运用同理心的时机有：
（1）客户来电投诉时："您遭遇到的事，我非常理解，您别着急，我希望帮到您。"
（2）客户表达不满时："如果我遇到这样的事（人），我也会和您想法一样的。"
（3）客户表达愉快的心情时："东西找到了，我真为您感到高兴。"

8. 提　问

提问时需要注意以下几个问题。
（1）铁路客服人员开口提问前，一定要想好，注意每次只问一个不长的问题，问一个较长的问题会让客户感到不知该如何回答。
（2）提问的数量要少而精，问题要简洁，一次问多个问题会让客户不知回答哪一个问题。
（3）向客户提完问题后，应稍给时间让客户考虑，不需要马上让客户给予答复。
（4）提问要紧紧围绕谈话主题进行提问，这样可以获取有效准确的客户信息，把握谈话的方向。
（5）应清楚为什么需要问这个问题以及通过这个提问了解什么信息。
（6）可以根据需要变换提问的方式，尽快找到想要的答案，了解客户的真正需求和想法。

9. "确认"

"确认"可以增加客户良好的服务体验。恰当运用"确认"的时机有：
（1）当回答完客户的一个问题或解决一个异议时。
（2）当客户沉默时。
（3）当通话即将结束时。
　常用电话服务规范用语见表6-1-3。

表 6-1-3 常用电话服务规范用语

环节	序号	沟通情境	规范服务用语
问候语	1	客户来电接通时	"您好,很高兴为您服务,请问有什么可以帮助您?"
	2	询问客户姓名时	"请问先生/女士您贵姓?"
	3	外拨电话回复客户咨询时	"您好,这里是××××××,现在对您之前来电查询的……业务进行回复,请问可以吗?"
	4	外拨电话进行客户回访时	"您好,这里是××××××,为了更好地为您服务,现在对您做几分钟的简短回访,请问可以吗?"
	5	如客户不同意、不方便接受电话回访时	"对不起,打扰您了!"
	6	法定节日问候	"节日快乐!很高兴为您服务,请问有什么可以帮助您?"
业务受理	7	若没有听清客户咨询的问题时	"对不起,我没有听清您的问题,麻烦您再重复一遍,好吗?"
	8	遇到客户声音小听不清楚时	"对不起!我这里听不清您的声音,请您大声一点,好吗?"
	9	遇对方无声音时	"您好,请问有什么可以帮助您?"等5秒后无声,重复问候语,再等5秒后无声,提示客户"对不起,您的电话无声音,请您换部电话或位置,好吗?"等5秒后挂机
	10	遇到客户讲方言听不懂时	"对不起,我这里听不懂您的方言,请您讲普通话,好吗?谢谢!"
	11	遇到客户拨错电话时	"对不起,这里是××××××,请您查证后再拨。"
	12	遇推销电话或骚扰电话时	"如果您不是办理相关业务,很抱歉我不能为您提供帮助!"
	13	遇到客户因电话接通等待时间长而不满时	"对不起,让您久等了!"
	14	客户很着急或发脾气时	"您别着急,有什么事,我们帮您解决。"
	15	需转接其他受理人员时	"您好,很抱歉,您的问题我需要帮您转接至××人员进行详细查询,请您稍等,不要挂机,好吗?"
	16	客户要求转接其他客服人员接听时	"抱歉(对不起),先生(女士),×××号现在正在受理其他用户的问题,您方便把您的情况跟我说一下吗?看我能不能帮到您?"
	17	对客户询问表示肯定或否定时	"可以""对""不可以"
	18	受理过程中,如需客户等待时	"对不起,我需要……(讲明原委),请您稍等一下,好吗?"
	19	如客户等待时间超过20秒时	"对不起,请再稍等一下。"

续表

环节	序号	沟通情境	规范服务用语
业务受理	20	客户等待结束后回复客户时	"对不起,让您久等了(或感谢您的耐心等待)。"
	21	遇到无法当场答复的客户咨询或查询时	"对不起,我们需要做进一步查询,稍后将尽快与您联系,好吗?"
	22	需与客户确定回复联系电话时	"请问,可以通过……(来电号码)与您联系吗?""请您留下联系电话,我们将尽快与您联系。"
	23	如有较长的信息需客户记录时	"麻烦您记录一下好吗?" "谢谢,请问您现在可以开始记录吗?" "请您记录……"
	24	遇到客户提出建议时	"谢谢您提出的宝贵建议,我们将及时反馈给相关部门,以提高我们的服务质量,再次感谢您对我们工作的理解和支持。"
	25	遇到客户向座席人员致歉时	"没关系,请不必介意。"
	26	遇到客户向座席人员表示感谢时	"请不必客气,这是我们应该做的(或这是我们的工作职责),感谢您对我们工作的支持,随时欢迎您再次来电。"
	27	遇客户抱怨时	"对不起,由于我们服务不周给您添麻烦了,我能为您提供帮助吗?"
	28	遇客户为了自己的利益故意混淆概念时	"抱歉,我说得不够清楚,请允许我再给您解释一遍……"
	29	遇到客户提出投诉时	"对不起,由于我们的工作不周给您添麻烦了,我们将尽快查实后给您回复,您看可以吗?"
	30	遇到客户提出的要求无法做到时	"很抱歉,恐怕我帮不到您。" "很抱歉,这超出我们的服务范围,恐怕我帮不到您。"(注意:语气委婉,说明理由)
	31	遇到客户投诉热线难拨通、应答慢时(包括电话铃响三声后才接起)	"对不起,刚才因为线路忙,让您久等了!请问有什么可以帮您?"
	32	遇到客户投诉服务态度不好时	"对不起,由于我们服务不周给您添麻烦了,请您原谅,您是否能将详细情况告诉我?"
	33	向客户解释完毕时	"请问我是否将您的问题解释清楚了?" "抱歉,我说得不够清楚,请允许我再给您解释一遍……"
	34	结束通话前	"请问您还有其他需要帮助的吗?稍后请为我的服务给予评价"
	35	确定将结束通话时	"感谢您的来电!"

三、网络沟通技巧

网络沟通就是以互联网为工具，以文字、声音、图像及其他多媒体为媒介的沟通方式。当今网络以开放、共享、多向、交互为特点，渗透到人类生活的各个方面，成为人们学习、工作和生活中不可缺少的一部分。

常见的网络沟通方式包括电子邮件、网络电话和传真、网络新闻发布如博客（Blog）与电子公告栏（BBS）、即时通信工具（如QQ、微信）等，呈现出传播双向性、交互性、个人化以及速度快、时效性强等特点。

（一）网络沟通的影响

1．积极的影响

（1）人际关系交往面得到空前扩大。

当今世界众多的网络用户形成了一个庞大的交际圈。在这个交际圈中，人们利用网络可以一对一聊天、写信，也可以公开发表言论。网络可以使你认识很多人，也可以使很多人认识你。

（2）人际沟通的地理距离基本消失。

两个不同地区或不同国家的人可能因为地理的差距不能进行交流。但网络解决了这些问题，而且在网络上直接的交流还可以打破因职业不同而产生的心理隔阂。网络上同样有喜怒哀乐，由于网络形成了另一个社会——虚拟社会，在这个社会中，网民之间没有山川相隔，直接面对面交流沟通。

（3）心理疏导的途径有了改变。

网络给人们宣泄心理矛盾提供了新的渠道，网络聊天就是一种很好的方式，它是在没有任何心理压力的情况下进行的自由交流。网络聊天的人互不相识，不必担心自己的言谈会给自己带来什么不良后果，也不必担心自己的问题被别人耻笑，自己的观点可以在聊天里表达出来。这些特点对于解决日常生活中经常遇到的心理障碍，避免心理问题进一步恶化，起到了一定作用。网民采用匿名的方式，用文字交流，可以自由安全地讨论隐私方面的话题，这是其他沟通方式无法比拟的，它能及时地宣泄和疏导心理问题。

（4）网络沟通更加便捷经济。

作为信息时代的新型联络方式，网络沟通与信件、电话、电报等沟通方式相比，具有快捷、安全、廉价、可传递等多种媒体优点。

2．消极的影响

网络的负面影响主要表现在以下几个方面。

（1）传统的价值观和道德理念受到挑战。

在网络给人们的工作、生活和社会交往带来极大便利的同时，也使现实社会产生了许多新的社会问题。比如网上暴力游戏、网上色情电影使道德面临着严峻挑战。

（2）合理的个人隐私权受到前所未有的挑战。

隐私权作为人的基本权利之一，应该得到充分的保障，然而，这种权利在网络时代却遇到了危险。

(3)"网络综合征"的增多。

网络沟通中信息的传达不能真实表达人的行为方式,信息接收不够准确到位。在网络中单对单沟通效率较高,但多人沟通时效率低下。从社会心理学和道德心理学的角度看,网络的发展在物理空间上孤立了个人,限制和改变了人们的传统交往方式和情感方式,产生了诸如孤独、网瘾等社会问题。

(二)网络沟通礼仪

网络虽然是虚拟的,但也是跟真实的人打交道,所以网络沟通也要遵守相应的礼仪。

1. 文明沟通的基本原则

(1)运用现实生活中与人交往的原则:平等、诚信、宽容、互助。

(2)尊重他人。尊重他人的隐私,不要随意公开私人邮件、聊天记录和视频等内容;尊重他人的知识,不要好为人师;尊重他人的劳动,不要剽窃、随意修改和张贴别人的劳动成果。

2. 即时通信软件沟通礼仪

(1)不要随便要求别人加你为好友,除非有正当理由。应当了解到,别人加不加你为好友是别人的权利。

(2)如果是正式的谈话,不要用"忙吗""打扰一下"等开始一段对话,而是把对话的重点压缩在一句话中。

(3)如果谈工作,尽量把要说的话压缩在 10 句以内。

(4)不要随意给别人发送链接。随意发送链接是一种很粗鲁的行为,属于强制推送内容给对方。

3. 电子邮件沟通礼仪

(1)主题应当精简,不要发送无主题和无意义的电子邮件。

(2)注意称呼,避免冒昧。当与不熟悉的人通信时,请使用恰当的语气、适当的称呼和敬语。

(3)注意邮件正文拼写和语法的正确,避免使用不规范的问题和表情符号,使用简单易懂的标题以准确传达电子邮件的要点。

(4)不要随意转发电子邮件,尤其是不要随意转发带附件的电子邮件,除非你认为此邮件对于别人的确有价值。在正文中应当包含附件的简要介绍。邮件要使用纯文本或易于阅读的字体,不要使用花哨的装饰,最好不使用带广告的电子邮箱。

(5)如果不是工作需要,尽量避免群发邮件。群发邮件容易使得收件人的地址相互泄漏。

(6)在给不认识的人发送邮件时,请介绍一下自己的详细信息,或者在签名中注明自己的身份。

(7)如果对方公布了自己的工作邮箱,那么工作上的联系请不要发送到对方的私人信箱里去。

（三）网络视频交流注意事项

1. 视频聊天之前对光线和背景做好调试

在和对方视频聊天前做好充分准备，不要在一些会泄露你个人隐私的地方进行视频聊天，要注意视频视野范围内的场景与你谈话的人的关系相匹配。在双方开始视频聊天之前，要先调试摄像头，看看怎样才能使光线、背景效果最好，哪些东西希望对方注意到，哪些又不能让他看到，什么样的姿势会舒服。

2. 聊天过程中不要随意离开

在和别人聊天时，不要在聊天中一直忙碌个不停或者关注其他的东西，不要随随便便地离开位置。如果你老从座位上离开，让摄像头上一片空白，那么对方可能会觉得你对他不感兴趣或者不够尊重他。

3. 视频聊天的面部表情和身体语言比实际语言更有效

视频时，你可以看到对方的面部表情或身体语言，感觉似乎就在眼前，增加了彼此的联系。

（四）铁路客户服务中心系统概述

铁路互联网服务系统以满足旅客的需求为出发点，在高度信息安全保障的基础上，建立客户与铁路服务者之间的沟通和互动渠道。以互联网接入方式，在旅客旅行的各环节中为其提供全方位的查询、咨询、订票、投诉等服务。铁路通过互联网开展宣传、信息发布、市场调查等业务。该系统的主要功能包括电子商务、信息／应用、旅行计划制订、娱乐、延伸服务、业务宣传、个性化功能、多通道访问、服务功能、系统管理等（如图 6-1-2 所示）。

图 6-1-2　铁路客户服务中心网站

铁路客户服务中心是通过旅客拨打电话 12306;登录"www.12306.cn"网站或铁路12306App 办理相关服务事项，铁路 12306 微信公众号办理相关服务事项如图 6-1-3 所示。

图 6-1-3　12306 微信公众号服务界面

  任务训练

实训项目	电话沟通与网络沟通技巧训练
实训目标	1. 使学生结合实际,加深对电话沟通与网络沟通的认识与理解。 2. 培养学生高速铁路客运电话沟通与网络沟通学习的兴趣。
实训内容及组织	由教师组织,学生自愿组成小组,每组 6~8 人,选择以下题目进行电话沟通与网络沟通训练。 1. 通话中倾听。 2. 电话沟通规范用语。 3. 超值服务沟通技巧。
实训考核	1. 每组提交一份分析报告。 2. 各组进行汇报。 3. 教师根据各组的分析报告与课堂汇报进行评估。

任务二　高速铁路客户服务沟通案例

  思政素质目标

尊重劳动、热爱劳动;诚实守信、爱岗敬业,具有精益求精的工匠精神。

职业目标

熟练进行高速铁路客户服务沟通。

知识目标

掌握高速铁路客户服务沟通业务流程。

相关知识

客户通过拨打铁路客户服务中心电话 12306，首先进入语音导航模式，客户根据自身需求选择需要的服务，若选择人工服务则转接人工台，由客户服务员为客户进行语音服务。

一、语音客户服务中心系统

12306 语音客服中心平台是基于计算机与电话集成（CTI）技术，结合电话、短消息、微信、电子邮件、IP 电话、可视电话、手机 App、传真等多种接入方式，充分利用通信网和计算机网的最新技术，并与企业信息系统连为一体的综合性信息服务系统。

1. 语音客户服务中心界面

语音客户服务中心界面的正上方是电话功能，按"接听"接入客户电话服务，在下方显示工单信息，按"挂断"结束服务；左上方显示客服人员姓名、工号等信息；右上边显示收到新邮件，点邮件在左边显示邮件内容，右边编辑回复邮件，按"发送"可发送回复邮件；微博、微信、在线客服和短信的格式一样，只是在左上部显示具体的对话方式，如屏幕显示"微信"，左边是对方发的信息，右边是回答信息，如微信中包含语音，可按"发声"健。左下角显示视频信息，可以对视频进行放大缩小。可通过选择左边的菜单执行相应功能；右下方显示客户的信息（包括用户相片，信息来源客户关系系统），使客服人员可以根据客户的位置、状态以及最近接受的服务等信息，更准确和快速地满足客户服务需求。

2. 语音客户服务中心系统功能

系统功能有自助语音、智能排队、座席分配、话务控制、视频控制、智能路由、智能机器人、消息管理、工单管理、班务管理、统计分析、质量管理、绩效管理、培训考试、现场监控、资源调度、权限管理、组织机构、工号管理、日志管理等。对语音来说，先调"自助语音"自动处理语音求助，如果需要人工服务，则按"智能排队"规则，在 CTI 排队，由"呼叫控制服务器"负责按"座席分配"规则建立和管理呼叫的连接，将求助分给人工座席，人工可以依据"话务控制"和"视频控制"的规则，为求助人员服务，也可以按"技能路由或智能路由规则"转到其他座席。如果是多媒体求助信息，经 CTI 排队后，由"多媒体控制服务器"按"座席分配"规则将求助分给人工座席，可调用"智能机器人"引导人工解决问题，或通过"消息管理"进行对话。所有的语音、多媒体服务都形成工单，如业务咨询、投诉等工单，通过工单流转解答客户问题；班长或质检员通过工单检查或者监听来检查客服过程的质量；通过工单自动统计客服人员的工作量，进行客服人员的绩效考核；工单在铁路内部流转,且流转到铁路高层管理人员,如果遇到客服人员难以解决的问题,在铁路内部研究后,再通过 PDS 回复用户。在客服中心按班次作业,按工号管理,根据繁忙程度对服务资源进行调度。

客户服务员工作流程及场景如图 6-2-1 所示。

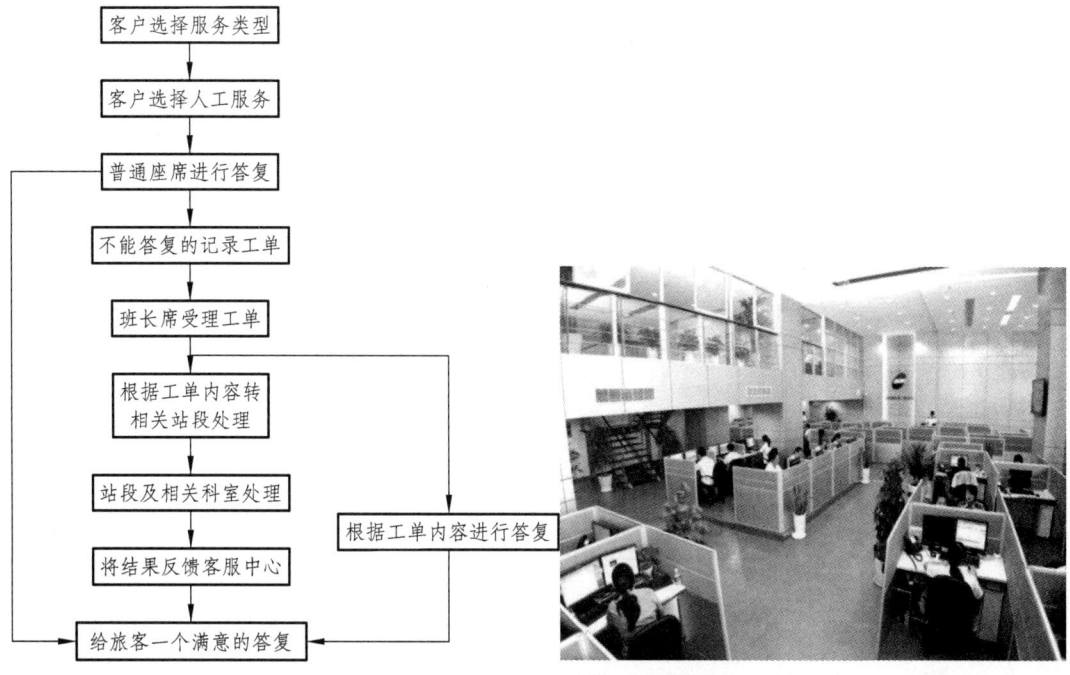

图 6-2-1　客户服务员工作流程及场景

二、投诉业务服务沟通

投诉是客户认为铁路企业在经营过程中侵犯其合法权益或对提供的服务表示不满,向铁路企业表达其诉求,投诉业务是对投诉给予协调处理的业务。

(一)投诉业务受理流程

投诉业务的目的是保证客户向铁路客服中心提出的投诉问题可以得到合理的解决,并且通过处理投诉的过程,改善整体服务素质。投诉业务受理流程如图 6-2-2 所示。

1. 普通席

(1)普通席铁路客服人员接听客户来电,鉴定是否属客户投诉,识别投诉受理类别,根据职责范围进行处理。

(2)诚恳地向客户表示道歉并且确认客户的投诉,解释无法实时解决投诉的原因,承诺安排适当的专家给客户处理解决投诉,并告知客户会主动和其联系及联系的时间等。如果客户有特殊要求(如限××小时内答复等),应在备注栏内注明客户的要求等。

(3)提交客户投诉受理工单。

客户投诉受理工单见表 6-2-1。

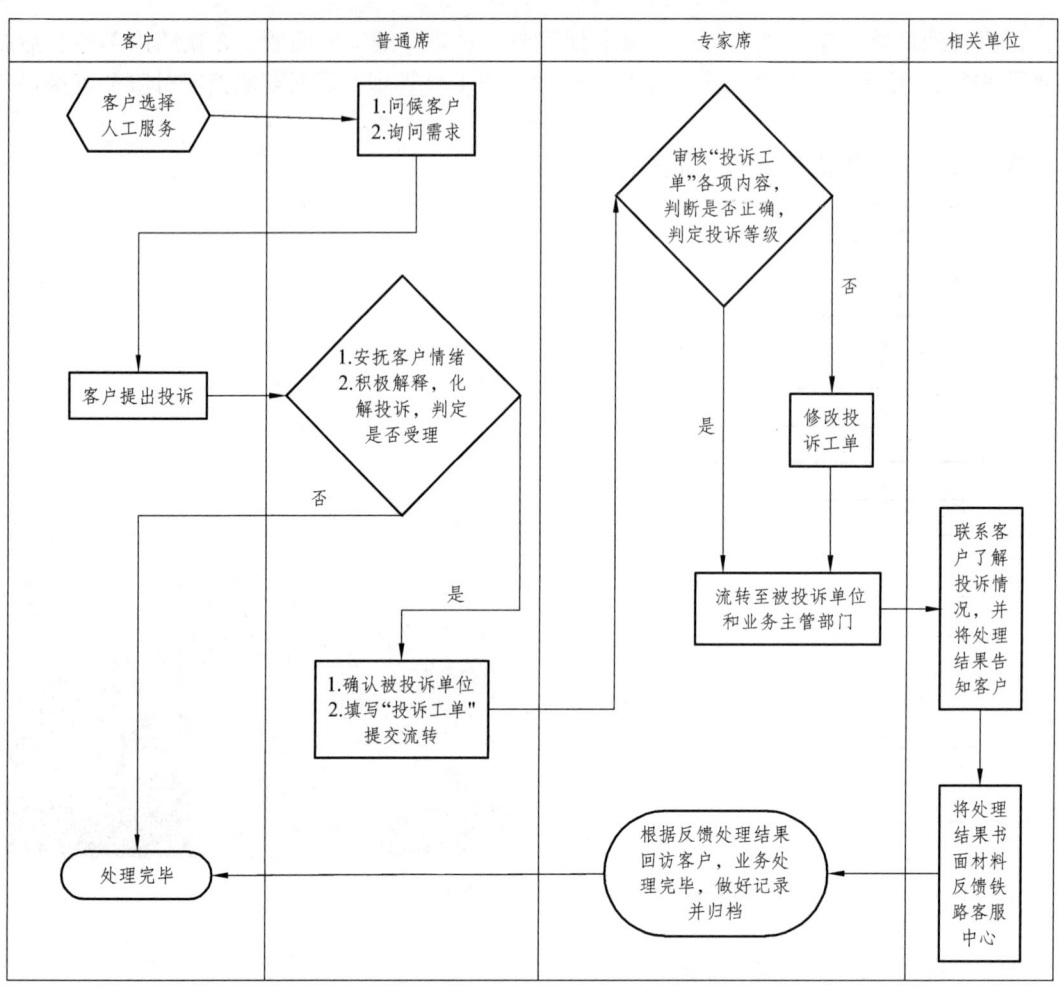

图 6-2-2 投诉业务受理流程

表 6-2-1 客户投诉受理工单

受理单号		受理时间	
投诉人		来电号码/电子邮箱	
投诉方式	电话/电子邮件/网站/App/微信/信函/社会监督机构/上级单位/政府部门/其他		
涉诉部门（单位）			
涉诉对象			
事件类别			
内容摘要			
责任单位	主送		
	抄送		
批转意见		受理单位公章　　　　　　　年　月　日	

续表

涉诉单位处理结果	一、事件经过 二、调查核实 三、原因分析 四、处理结果 1. 对旅客的回复意见： 2. 对责任人的考核： 五、整改措施				
回复时间		回复方式		回复人	
回访时间		回访方式		回访人	
回访情况					

2. 专家席

（1）专家席铁路客服人员实时从系统提取并处理投诉工单，并按规定的时限处理完毕。

（2）如果业务超出职责范围，应通过系统将工单传送相关单位处理。

（3）相关单位在系统的反馈，系统会自动提示专家席。

3. 相关单位

（1）相关单位指定专人从系统中提取并按规定时限处理投诉工单。

（2）相关单位指定专人进行调查，解决客户投诉。

（3）相关单位指定专人将调查结果反馈给铁路客服中心，以便向客户反馈投诉处理情况。

（二）客运服务单电子流转

客运服务单电子流转是客服中心互联互通后的功能延伸，也是完善作业流程、优化服务效率、提升客运服务质量的重要手段。

客运服务单电子流转系统由铁路客服业务管理系统、客运管理信息系统、客运站车无线交互系统3个子系统构成，可实现客服中心与站车之间投诉、重点旅客预约及遗失物品查找服务单的自动流转和全流程闭环处理。

客运人员将收到语音及消息提醒，提示工单消息，点击进入信息列表，根据列表点击进入工单列表，可根据工单状态查看工单信息，点击进入工单详细信息（如图6-2-3所示）。

（三）投诉服务沟通案例

1. 客运服务投诉类型

客运服务类：候乘组织、文明服务、制度落实、业务差错、安全检查、设备设施、旅客伤害、运输组织、重点旅客服务、环境卫生、站车秩序等。

售票服务类：售补票差错、售补票态度、制度落实、营业时间、售票组织、售票设备、违规收费、违章违纪、代售点服务等。

图6-2-3 客运服务单电子流转系统工单消息

公安服务类：安全检查、公安制证、服务态度、制度落实、在岗履职等。
餐饮服务类：餐饮质量、饮食卫生、服务态度、虚假宣传、餐饮收费等。
售货服务类：商品质量、虚假宣传、收费标准等。
保洁服务类：服务态度、卫生清扫、制度落实、违章违纪等。
延伸服务类：行李搬运、小件寄存、收费标准、强制消费、服务态度、错误引导等。
电子支付类：互联网购票、车站 POS 机购票、TVM 购票等。

2. 沟通案例

北京转 App 投诉：姜女士 8 月 7 日乘坐 D7757 次列车，大连北—庄河北，6 车 5F 座。在庄河北站下车时，没有列车员维持秩序，在门口等候的旅客直接冲进来，一旁的工作人员漠然地站着，投诉列车无人维持乘车秩序，致使五六名乘客未能下车。

经查属实。经了解，这 6 名旅客乘坐当日 D7757 次准备在庄河北站下车，在 6 车 3 位门处（5、6 车连接处独门，该车门不是列车员立岗车门），由于未能跟前面下车的旅客接续上产生断流，致使上车旅客误以为旅客已下完，形成对流，将这 6 名旅客堵在车内未能下车。当时随车机械师在监控 6 车车门状态，6 名旅客以为机械师是列车员，要求机械师协调旅客上下车秩序。车长得知此事后立即与前方青堆站办理交接，将 6 名旅客以最近列车送返庄河北站。因乘务员孙某在庄河北站到站前人工宣传不到位，对责任人孙某给予月度考核减 10 分处理；因列车长杨某日常与机械师沟通联系不够，对列车长杨某给予月度考核减 10 分处理。处理人员向旅客诚恳致歉，取得旅客谅解。

三、咨询业务服务沟通

咨询是指运用客运知识和专业语言方法，帮助客户解疑释惑的业务。

（一）咨询业务受理流程

咨询服务的目的是保证客户向铁路客服中心提出的咨询业务得到适当的处理。
咨询业务受理流程如图 6-2-4 所示。

1. 普通席

（1）普通席铁路客服人员通过知识库内相应信息，完整、准确地回答客户咨询问题。

（2）遇到系统内资料不足或对新推广业务有疑问时，可以向组长请求协助。组长判断普通席铁路客服人员能否处理有关咨询。如果能处理，组长辅导普通席铁路客服人员从知识库搜索资料，并且适当地回答客户；如果无法处理，组长可接听客户的话务。

（3）如果客户咨询的问题超出普通席铁路客服人员的职责范围或不能实时解答，组长应该确认客户的咨询，解释无法实时解答的原因，并在系统中按照规定格式建立工单提供给专家席铁路客服人员处理。

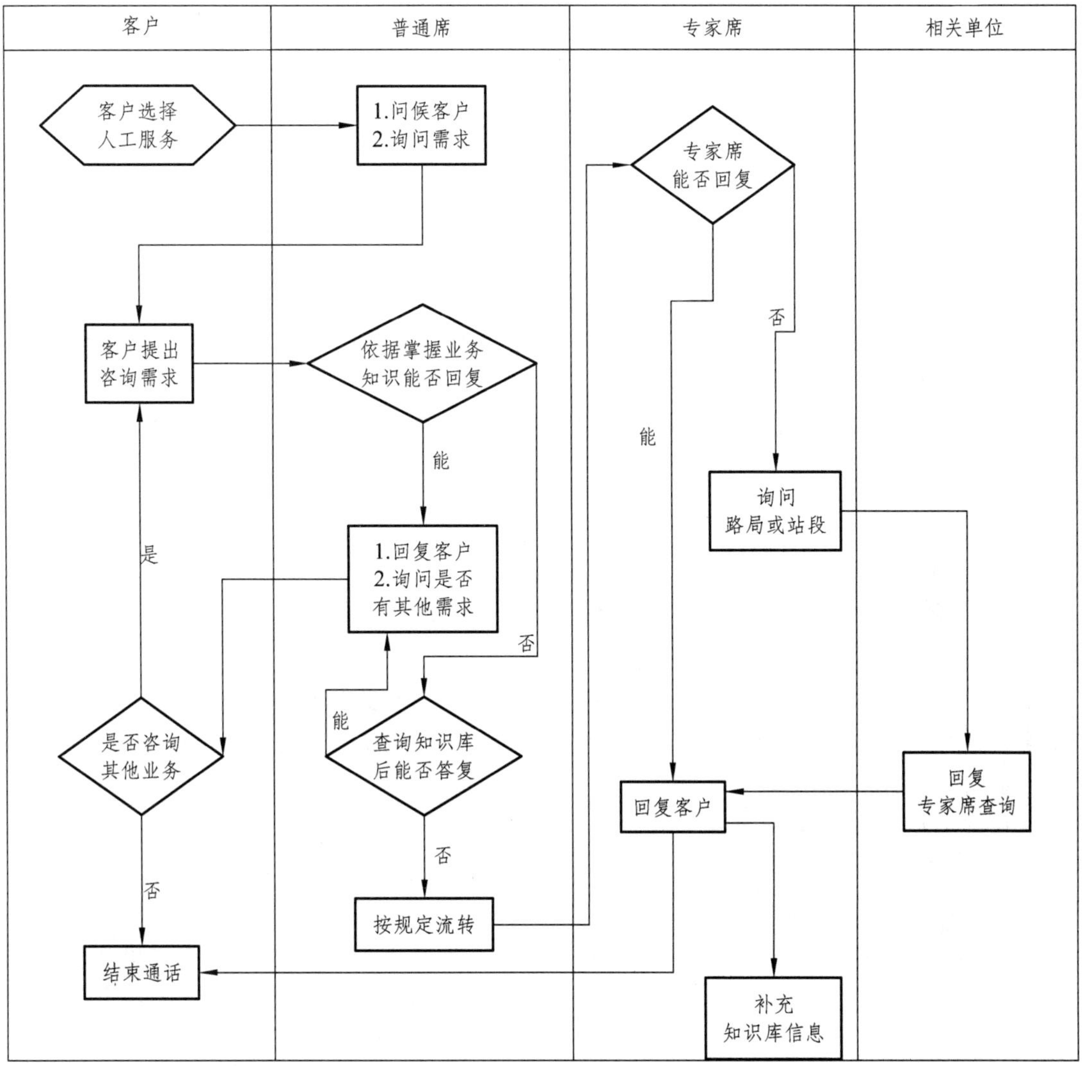

图 6-2-4　咨询业务受理流程

2. 专家席

（1）专家席铁路客服人员实时从系统提取并处理咨询业务工单，根据咨询类别，判断能否处理。如果有关咨询是权限以内，从相关系统阅读资料后，按工单的紧急程度在规定时限内回复客户。

（2）如果咨询问题超出职责范围或无足够资料解决时，应在支撑部门指导下，更新资料（例如疑难内容及工单的急切性）并记录在电子工单上。

（3）专家席铁路客服人员回复客户后，更新工单状态（包括已回复客户及转发至相关部门），这样可以配合工单处理的监控。

（4）受理电子工单后，专家席铁路客服人员必须在系统中更新工单状态（进行、调查中、完成）。另外，每天在受理工单中（包括不能解决及已解决的）找出共同问题，提出解决方案，减少普通席提单数量及提高客户满意度。

3. 相关单位

（1）相关单位指定专人定时收集铁路客服中心提交的工单，按时限处理。

（2）相关单位指定专人跟踪与解决工单问题。

（3）解决工单后，相关单位办理人答复铁路客服中心。

（二）咨询服务沟通案例

1. 咨询服务类型

规章制度类：携带品、儿童票、学生票、残疾人票、互联网购票、TVM 和 POS 机购票、购检票、改签退票、临时身份证明等。

客运业务类：余票信息、预售期、票价信息、车站营业时间、正晚点、列车时刻、积分查询等。

延伸服务类：团体票、餐饮等。

2. 沟通案例

旅客："我的互联网退票款至今没有到账，我之前联系过你们，都过去好几个月了，也没人跟我联系啊？"

客服："先生，请您稍等一会儿，我先查询一下（询问相关信息），由于记录的时间久了，可能有一点慢……您好，已经查到了您反映的信息，您的款项已经退还至中行了。"

旅客："我的银行卡是建行的呀？"

客服："您当时使用的可能是中行 POS 机购票。我给您提供退款流水号，请您致电建行客服查询一下，好吗？"

提供流水号后，圆满结束通话。

解答旅客的每个业务问题时，不但要听出旅客表面上的疑问，也要听出更深层的意思，尤其是对服务工作不满意时，铁路客服人员要从情感上安抚旅客，理解旅客，要换位思考。

案例中旅客与铁路客服人员沟通时的话语中着责怪的语气，责怪铁路客服人员对自己曾反映问题没有高度重视，并给自己带来了损失。铁路客服人员每天接到这样的电话为数不少，旅客对铁路部门的工作表示不满意的时候，耐心地安抚、解释、化解能够起到桥梁的作用。面对旅客的责怪，积极地提供帮助，把旅客的困难当成自己的困难，热情接待，化解旅客心中的不愉快，达到解决问题和赢得信任的服务目的。

四、求助业务服务沟通

求助业务是发挥信息平台和网络资源优势，对遇到困难的客户提供相应帮助的业务。

（一）求助业务受理流程

求助业务的目的是保证客户向铁路客服中心提出的求助问题可以得到及时的解决，并且通过处理求助的过程，提升整体服务。

求助业务受理流程如图 6-2-5 所示。

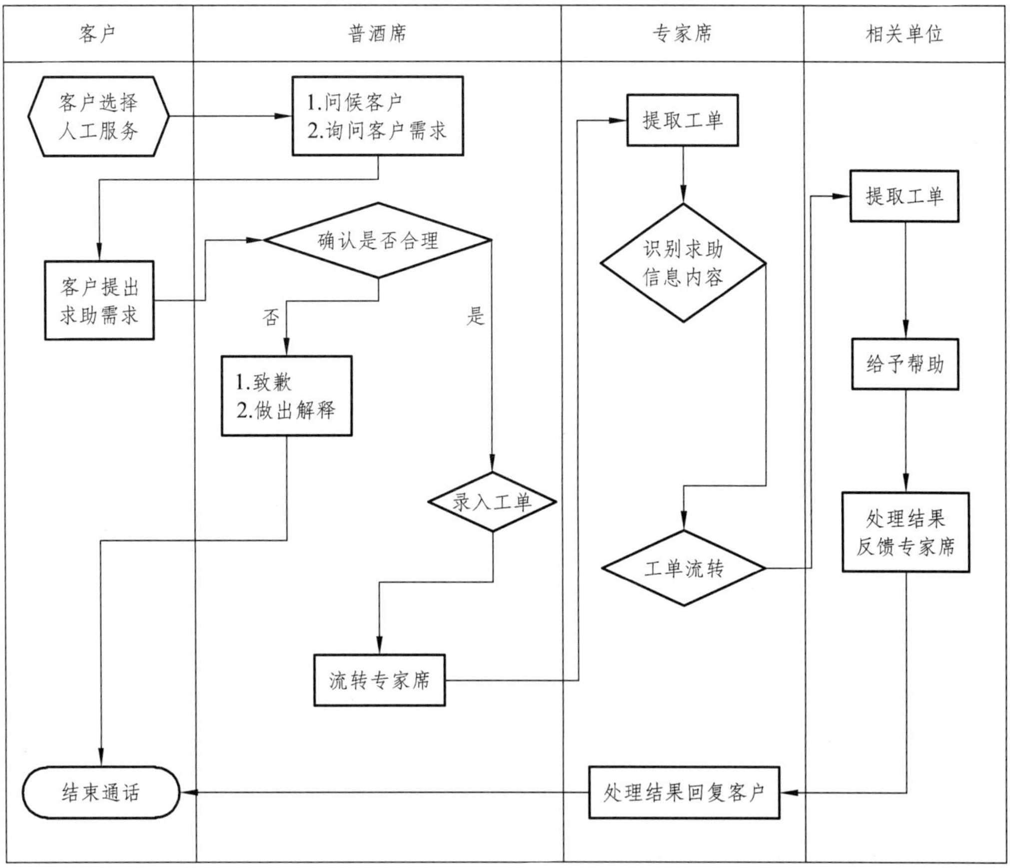

图 6-2-5 求助业务受理流程

1. 普通席

（1）普通席铁路客服人员接听客户来电，鉴定是否属客户求助，识别求助受理类别，并根据职责范围进行处理。

（2）向客户确认求助内容，并录入工单，承诺及时流转专家席给客户处理解决，并告知客户会主动和其联系及联系的时间等。如果遇客户有特殊要求（如丢失物品的内容，寻找旅客的特征信息等），应在备注栏内注明客户的要求等。

（3）提交客户求助工单。

2. 专家席

（1）专家席铁路客服人员实时从系统提取并处理求助工单，确定求助类型、内容，并及时将工单传送相关单位处理。

（2）相关单位在系统的反馈，系统会自动提示专家席。

3. 相关单位

（1）相关单位指定专人从系统中提取按规定时限处理求助工单。

（2）相关单位指定专人解决客户求助。

（3）相关单位指定专人将调查结果反馈给专家席，以便向客户反馈求助处理情况。

（二）求助服务沟通案例

1. 求助服务类型

特殊重点旅客预约、遗失物品查找、寻人等。

2. 沟通案例

旅客将装有 11 万现金的双肩包遗忘在 G213 次列车上，旅客拨打 12306。

客服："您好，1019 号很高兴为您服务。"

旅客："我把包落车上了，里面有 11 万现金，请尽快帮我联系找一下。"

客服："先生您先别着急，您把您的车次信息以及遗失物品的情况详细叙述一下，我们马上联系寻找。"（11 万现金的字眼，迅速引起了客服代表的高度重视。）

客服提交紧急求助工单，并第一时间提醒当班值班主任和求助专家席客服人员。

专家席客服通过电子工单和电话同步流转到列车担当单位。

系统显示 G213 次列车确认工单签收。

旅客接到列车长电话，重金失而复得。

值班主任对旅客进行了回访，旅客表达了对 12306 的认可，并且特意向客服代表和列车工作人员表示感谢。

任务训练

实训项目	高速铁路客户服务沟通训练
实训目标	1. 使学生结合实际，加深对高速铁路客户服务沟通的认识与理解。 2. 培养学生加强高速铁路客户服务沟通的意识。
实训内容及组织	由教师组织，学生自愿组成小组，每组 6~8 人，选择以下题目进行高速铁路客户服务沟通训练。 1. 投诉服务沟通。 2. 咨询服务沟通。 3. 求助服务沟通。
实训考核	1. 每组提交一份分析报告。 2. 各组进行汇报。 3. 教师根据各组的分析报告与课堂汇报进行评估。

复习思考题

1. 叙述通话中的倾听技巧。
2. 叙述电话服务规范礼仪。
3. 叙述电话服务规范用语。
4. 叙述高速铁路客运网络沟通技巧。
5. 叙述投诉业务受理流程。
6. 叙述咨询业务受理流程。
7. 叙述求助业务受理流程。

参考文献

［1］ 中国残疾人联合会教育就业部. 中国手语日常会话[M]. 北京：华夏出版社，2016.
［2］ 中国铁路总公司. 高铁中型及以上车站服务质量规范[M]. 北京：中国铁道出版社，2016.
［3］ 中国铁路总公司. 动车组列车服务质量规范[M]. 北京：中国铁道出版社，2016.
［4］ 裴瑞江. 铁路客户服务业务能[M]. 北京：中国铁道出版社有限公司，2016.
［5］ 安萍. 民航服务沟通技巧[M]. 北京：清华大学出版社，2017.
［6］ 中国铁路总公司. 铁路客运服务信息系统设计规范[M]. 北京：中国铁道出版社，2018.
［7］ 国家铁路局. 铁路旅客车站设计规范[M]. 北京：中国铁道出版社，2018.
［8］ 中国铁路郑州局集团有限公司. 高速铁路旅客运输服务标准[M]. 北京：中国铁道出版社有限公司，2019.

附录　课程思政案例

课程思政案例